可爱宝贝毛衣系列

0~5岁
纯真小宝贝毛衣

张翠 主编

U0299024

中国纺织出版社

图书在版编目（CIP）数据

0～5岁纯真小宝贝毛衣 / 张翠主编. —北京：中
国纺织出版社，2013.1
（织美堂可爱宝贝毛衣系列）
ISBN 978-7-5064-8978-2

Ⅰ. ①0… Ⅱ. ①张… Ⅲ. ①童服 — 毛衣 — 编织 — 图
集 Ⅳ. ①TS941.763.1-64

中国版本图书馆CIP数据核字（2012）第275650号

责任编辑：阮慧宁　　　　　　　　责任印制：刘强

中国纺织出版社出版发行
地址：北京东直门南大街6号　　　邮政编码：100027
邮购电话：010—64168110　传真：010—64168231
http: //www. c—textilep. com
E-mail: faxing @ c— textilep.com
中华商务联合印刷（广东）有限公司　　各地新华书店经销
2013年1月第1 版第1次印刷
开本：889×1194　　1 / 16　　印张：12.5
字数：120千字　　　定价：39.80元

目录 Contents

 花朵小背心

明亮的橘黄色衬出小孩子白净的肤色,胸前三朵小花的搭配,更添可爱稚气。

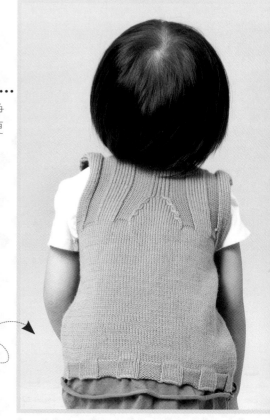

编织方法
P89

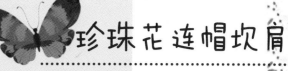

珍珠花连帽坎肩

一颗一颗的珍珠花排列得整齐
有序，连帽的设计更显时尚休闲的
气息。

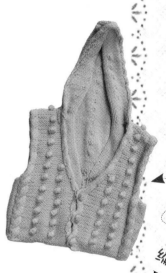

编织方法
P90~91

三色帅气毛衣

蓝色、黄色和白色的搭配，丝毫不觉得错乱，衣身三个假口袋的设计更添童趣。

编织方法
P92~93

小老虎图案坎肩

调皮可爱的小老虎相信小朋友都会喜欢的，男孩儿穿着帅气，女孩儿穿着更酷。

编织方法
P94

编织方法
P95

菠萝图案毛衣

金黄色的菠萝与黑底色搭配，
让整件衣服更加帅气。

韩版连衣裙

鲜艳的玫红色给人眼前一亮的感觉，翻领的设计更是时尚味十足，搭配一朵钩织的小花更显淑女气质。

编织方法
P96~97

可爱小猪毛衣

衣身三只可爱的小猪十分俏皮，给宝宝带去了无限的活力。横条纹配色的袖子更添时尚气息。

编织方法
P98~99

送给宝宝的
手编毛衣

大红色套头衫

喜庆的大红色，总能带给人无
比的欢乐，领口与衣下摆处金黄色
条纹的搭配更是恰到好处。

编织方法
P100~101

I Have the Baby Sweaters

编织方法
P102~103

小猫咪图案毛衣

调皮的小花猫正在和彩色的气球嬉戏打闹，构成了一幅祥和温馨的图画。

系带连衣裙

此件连衣裙款式比较简单，但是衣摆处的彩色珍珠花给衣服增色不少。系带的设计更是起到了很好的收腰效果。

编织方法
P104

配色小坎肩

小坎肩搭配这样一件波点短裤更加时尚，开衫款式便于孩子的穿脱。

编织方法
P105

经典数字毛衣

儿时的你是否也曾在父母的教导下地数着1、2、3呢，这样的一件数字毛衣相信你的孩子也会喜欢。

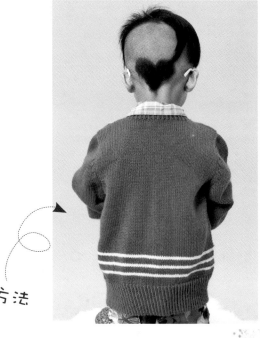

编织方法
P106

彩虹扣开衫

七彩斑斓的色彩给人不一样的
视觉感受，搭配一件时尚的斑马裤，
很潮很帅气。

送给宝宝的
手编毛衣的

编织方法
P107~108

适合
0~5岁

简约 V 领背心

这简简单单的 V 领背心，每一个新手妈咪都可以为自己的宝宝动手试试。

编织方法

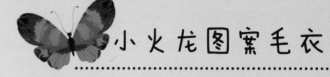

小火龙图案毛衣

两条栩栩如生的小火龙在胸前舞动，显得孩子更加活泼可爱。

编织方法
P110

送给宝宝的
手编毛衣

红色偏襟衫

衣身星星点点的花样和下摆的荷叶边为整件衣服增添了时尚的气息。

编织方法
P111

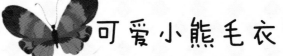

可爱小熊毛衣

快乐的小熊使尽浑身解数在尽情挥拍，这样的一件小熊毛衣，相信很多宝宝都会爱上它的。

编织方法
P112~113

大嘴巴毛裤

大大的一张红嘴巴，透露着无限的喜悦，横条纹的配色编织不仅适合内穿更适合外穿。

编织方法
P114

运动型拉链衫

休闲的款式运动风十足，连帽的设计更显时尚气息，拉链的设计使穿脱更加方便。

编织方法
P115

运动型拉链衫

可爱小鸭图案毛衣

简单的开衫款式不管是男孩还是女孩都适合，搭配一条时尚哈伦裤，似乎也别具特色。

编织方法
P116

WARM CLOTHES

编织方法
P117~118

送给宝宝的
手编毛衣

绿色休闲毛衣

嫩绿的色彩搭配时尚俏皮的哈
伦裤，再戴上一顶休闲帽，这样的
一身打扮让宝宝很潮哦。

气质灰色披肩

厚实的毛线，使整件披肩穿起来非常舒适暖和，大翻领的设计更是增添了不少时尚气息。

编织方法
P119~120

编织方法
P121

条纹配色毛裤

绿色和红褐色撞色的条纹配色编织，让整件毛裤在色彩上就夺人眼球，俏皮可爱图案的编织更是恰到好处。

I Have the Baby Sweaters

彩虹短袖开衫

七彩的颜色就像小朋友七彩的童年。这样的一件小开衫搭配时下最流行的小纱裙也很不错哦。

编织方法
P122

格子小翻领毛衣

白色和蓝色的小格子设计，使得整件衣服非常干净整洁，小翻领的设计让小男孩穿起来帅气十足。

编织方法
P123~124

适合
0~5岁

编织方法
P125

波浪边小披肩

此款小披肩可谓是匠心独运，花样的编织自然地形成了小背心波浪式的花边，很是好看。

紫色短袖衫

浅浅的紫色很衬小朋友的肌肤，系带的设计更能起到很好的收缩效果。

编织方法
P126~127

小飞机图案毛衣

可爱的小飞机快乐地在空中盘旋，红色底纹的搭配更是十分抢眼。

编织方法
P128~129

 # 高领心形毛衣

时尚的开衩高领别具特色，衣身一个一个心形的花样编织更是锦上添花。

编织方法
P130~131

编织方法
P132

送给宝宝的
手编毛衣

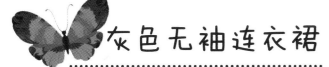

灰色无袖连衣裙

时尚的灰色元素，搭配彩色的珍
珠花花样以及系带的收腰设计，使得
这款长裙更加惹人喜爱。

紫色圆领短袖衫

浅浅的紫色搭配一件时尚的格子七分裤也是十分不错的，圆形的外翻领口设计更是独到。

编织方法
P133

送给宝宝的手编毛衣

米字高领毛衣

高领的设计能更好地保护宝宝
的脖子，米字形花样的编织英伦范
儿十足。搭配一件休闲的牛仔裤也
很不错哦。

编织方法
P134~135

适合
0~5岁

小孩图案毛衣

乍一看衣身编织的小男孩图案和现实中的小男孩很像呢，似乎无形中有着一种缘分。

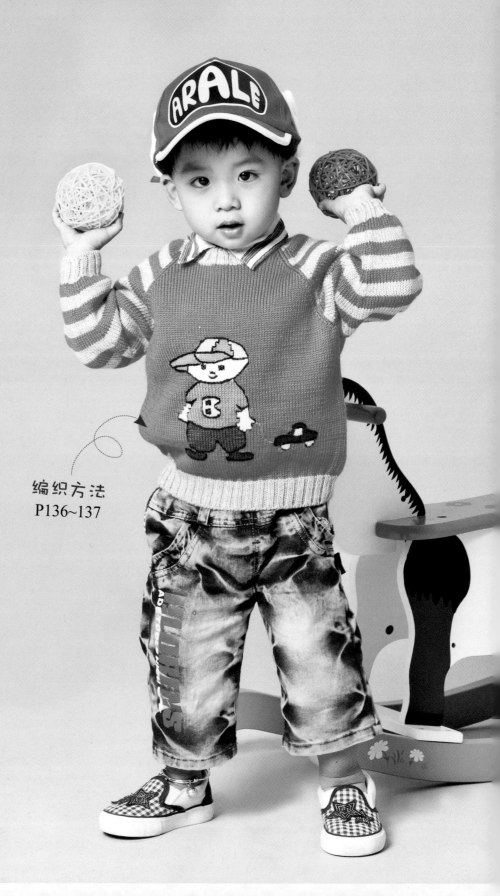

编织方法
P136~137

送给宝宝的手编毛衣

红色小开衫

鲜亮的红色搭配浅浅
的灰色，可谓是绝配，穿
一件时尚的黑丝小短裙效
果也很不错哦。

编织方法
P138~139

WARM CLOTHES

编织方法
P140~141

宽松两色毛衣

黑色和灰色搭配编织的这
件毛衣，款式十分宽松，小朋
友穿起来也会很舒适。

送给宝宝的
手编毛衣

菱形花样背心

简单的几何图案，让原本死板
的毛衣款式不再单调。搭配一件小
翻领衬衣非常帅气。

编织方法
P142

编织方法
P143

格子图案毛衣

咖啡色和浅灰色的搭配形成了整齐有序的格子，这样的一件毛衣穿起来会显得十分休闲和帅气。

送给宝宝的手编毛衣

桃心纽扣开衫

简单的开衫款式，相信每个妈妈都会为自己的宝宝准备一件，搭配白色的桃心纽扣更是别具一番风味。

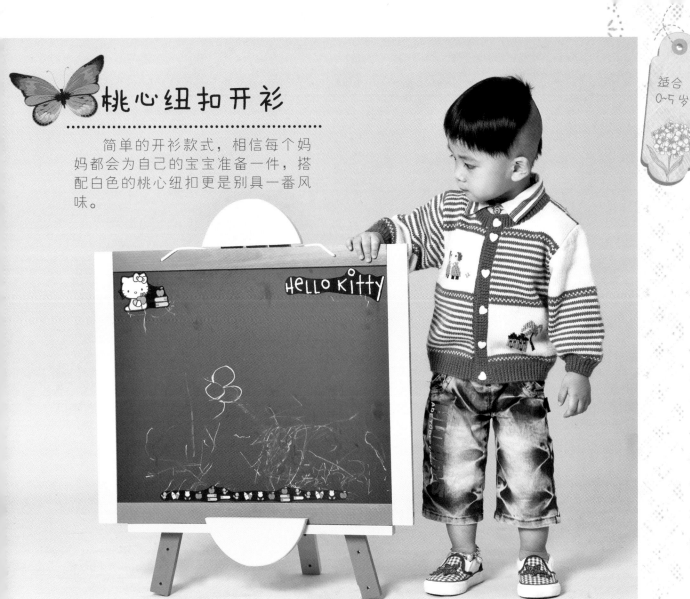

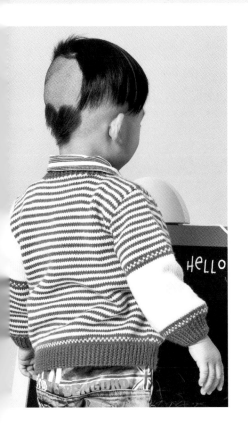

编织方法
P144

编织方法
P145~146

鹅黄色小外套

浅浅的黄色，显得小女孩的皮肤更加白皙。搭配一件浅色系的小纱裙，公主范儿十足。

送给宝宝的手编毛衣的

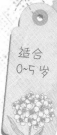

老鼠图案毛衣

现实生活中很多小朋友都害怕老鼠，如果把老鼠栩栩如生地编织在毛衣上，相信小朋友再也不会害怕了。

编织方法
P147

编织方法
P148

黄白波浪纹开衫

嫩黄搭配简单的白色，使得整件开衫看起来十分清新，搭配一件时尚的斑马裤似乎也很不错。

适合
0~5岁

爱心小兔背心

简单的背心款式，红色心形的
编织，搭配一只十分乖巧的小白兔，
使得整件背心活力十足。

编织方法
P149

编织方法
P150

黄色长袖披肩

明黄色十分耀眼，搭配一件雪白的蓬蓬纱裙，公主范儿十足，这样的一件披肩你是否也心动了呢？

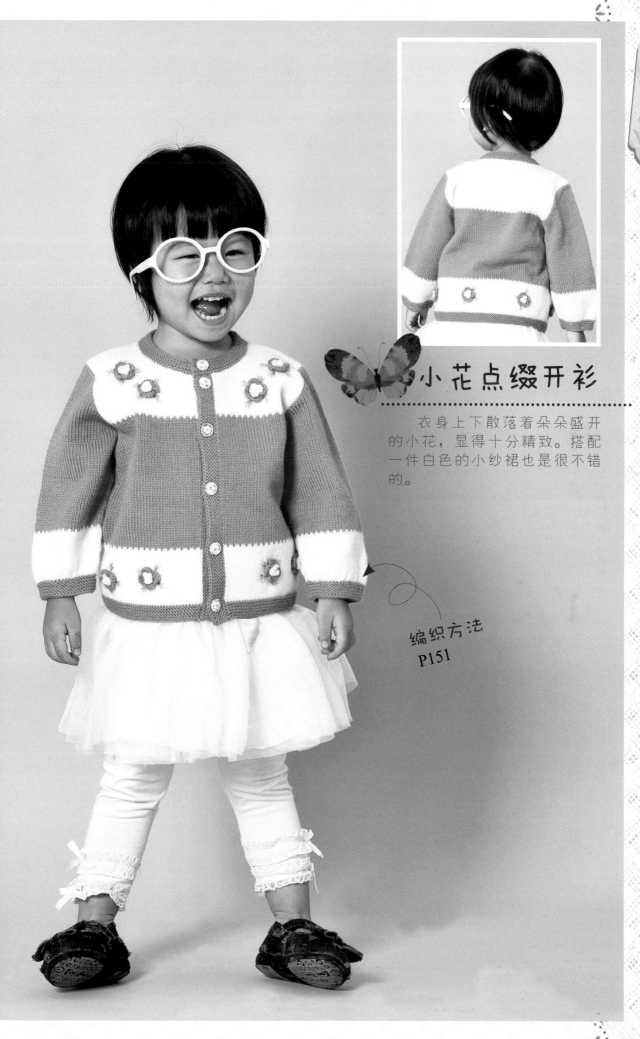

適合
0~5岁

小花点缀开衫

衣身上下散落着朵朵盛开的小花，显得十分精致。搭配一件白色的小纱裙也是很不错的。

编织方法
P151

粉色Ｖ领背心

此款背心所用的是奶棉线，宝宝穿起来会非常舒适。下身搭配一件波点哈伦短裤很潮哦。

编织方法
P152

送给宝宝的手编毛衣

双排扣长袖装

双排扣的设计让整件毛衣看上
去格外醒目，胸前编织的花样像是
特别加上去的一块，显得十分别致。

编织方法
P153

编织方法
P154~155

送给宝宝的手编毛衣的

拉链半门襟长袖上衣

大红色十分喜庆，领口处拉链
的设计便于穿脱，搭配一件休闲的
牛仔裤显得运动味十足。

横条纹配色开衫

这样的一款图案配色毛衣，不仅适合男孩穿着，女孩穿着也是很漂亮的。妈妈们赶快行动吧。

编织方法
P156~157

送给宝宝的手编毛衣

精致圆领开衫

此款毛衣做工非常精致，
而且针法也简单，一个个的正
方形图案都是由最简单的上下
针编织而成的。

编织方法
P158

韩版蝴蝶结装

衣下摆宽松的款式很有韩范儿，
胸前搭配一朵由丝带编织成的蝴蝶结
花更是恰到好处。

编织方法
P159

送给宝宝的手编毛衣

The Beautiful
sweater

美羊羊毛衣

相信每个小朋友都知道喜羊羊和
灰太狼吧，是否也期待有一件这样图
案的毛衣呢。

编织方法
P160~161

送给宝宝的手编毛衣

横织圆领长袖衫

此款毛衣的领口全部是一片横织，开衫的款式便于宝宝的穿脱，这款毛衣也适合女孩子穿着。

编织方法
P162

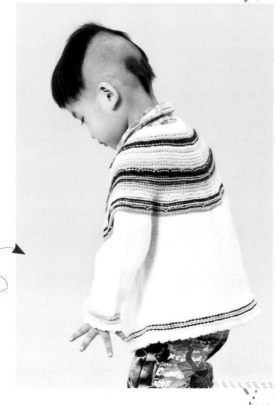

个性男孩装

　　此款毛衣编织得十分有特色，在袖肘处、口袋处和衣襟处都采用了鲜亮的蓝色，搭配米色可谓是恰到好处。

编织方法
P163

送给宝宝的手编毛衣

配色短袖装

漂亮的段染毛线让款式一般的毛衣看起来不再那么单调，搭配一件豹纹小短裙很有明星范儿哦。

编织方法
P164

61

粉色公主裙

粉嫩的色彩是每一个女孩的公主梦，小小的开衩翻领时尚韵味十足。这样的一款连衣裙是否也满足了你的公主梦呢？

I Have the Baby Sweaters

编织方法
P165~166

送给宝宝的手编毛衣

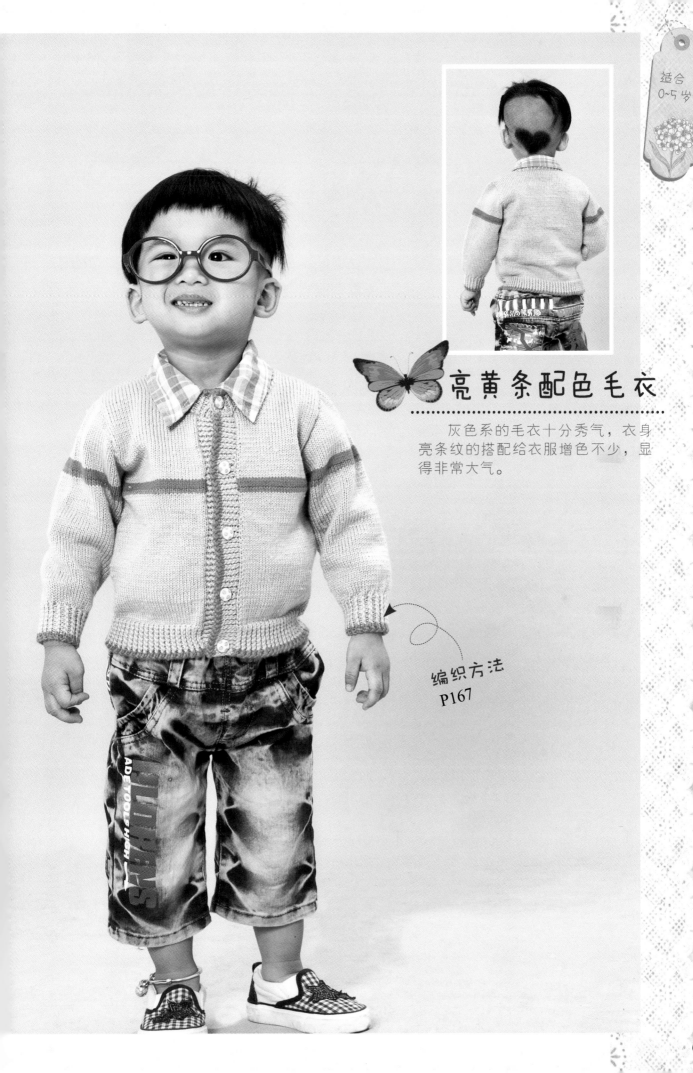

亮黄条配色毛衣

灰色系的毛衣十分秀气，衣身
亮条纹的搭配给衣服增色不少，显
得非常大气。

编织方法
P167

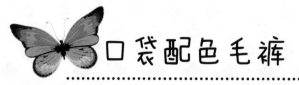

口袋配色毛裤

这样一条配色毛裤很适合冬天穿着，腰带的设计可以随意调节大小。

编织方法
P168

小马图案毛衣

一匹骏马正在奔驰， 也感染
了穿毛衣的小宝宝，激发了他的运
动欲望，赶快来一起奔跑吧！

编织方法
P169~170

波浪纹小背心

浅紫色和米白色的波浪纹配色编织，让整件背心层次分明，看小宝贝这样穿着是不是很潮呢？

编织方法
P171

送给宝宝的手编毛衣

帅气小背心

简单的上下针编织，衣侧身搭配一排纽扣显得十分别致，肩部纽扣的设计方便穿脱。

适合
0~5岁

编织方法
P172~173

红色连帽衫

红色总能带给人无尽的喜悦之情，
连帽的设计使这款毛衫更加实用。

编织方法
P174~175

送给宝宝的手编毛衣

编织方法
P176~177

黑白配菱形花样装

一个一个排列有序的菱形花样，黑白颜色的搭配似乎更显完美，搭配休闲牛仔裤，时尚味十足。

粉色插肩袖毛衣

插肩袖是时下儿童毛衣比较流行的一种袖子的织法，口袋上红色和黄色小花朵的搭配更是锦上添花。

编织方法
P178

菱形花样男孩装

简单的菱形花样遍布衣身，使得整件毛衣错落有致。深的玫红色也很适合小男孩穿着。

编织方法
P179

送给宝宝的
手编毛衣

 经典唐装

此款唐装古典韵味十足，波
浪式袖边和衣边的设计为其增添
了些许时尚的气息。

编织方法
P180

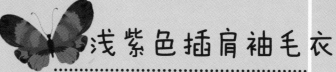

浅紫色插肩袖毛衣

漂亮的卡通图案，精致的口袋编织，相信每一个宝宝都会不由自主地爱上这样一款毛衣的。

编织方法
P181~182

可爱圆领背心

简单的上下针编织，自然地形成了卷曲的圆领，这样的一款小背心搭配帅气的格子衬衣也很不错哦。

编织方法
P183

两色搭配短袖衫

浅浅的紫色，搭配简单的白色，给人一种十分清新的视觉感受，小模特这样的一身穿着是不是休闲风十足呢？

编织方法
P184

送给宝宝的手编毛衣

简约小坎肩

适合
0~5岁

简单的款式，相信每个妈妈
都会织，匠心独运的亮珠搭配活
脱脱像两只眼睛。

编织方法
P185

编织方法
P186~187

运动品牌毛衣

简单的款式更能展示出小男孩
挡不住的帅气，跟我一起运动吧！

蝴蝶图案毛衣

淡雅的米白色衣身镶嵌一圈
玫红，使整件衣服公主范儿十足。
衣襟的蝴蝶也高兴地翩翩起舞。

编织方法
P188

编织方法
P189

小熊口袋毛衣

可爱的小熊口袋，很是讨人喜欢，这样的一款两色毛衣妈妈们心动了吗？赶快行动吧。

送给宝宝的手编毛衣

小老虎图案毛衣

活泼可爱的小老虎相信每一个
小宝宝都会喜欢的，黑白红三色搭
配也很谐调。

编织方法
P190

绅士男孩装

简单的蓝色，搭配时尚休闲的牛仔裤，再戴上一顶帽子，这样的一身似乎也能让你的宝宝很潮哦。

编织方法
P191

送给宝宝的手编毛衣

适合
0~5岁

玫红色女孩背心

小女孩都喜欢梦幻一般的粉
色系，衣身还编织了不同的珍珠
花样，相信会更加惹人喜爱。

编织方法
P192

红色圆领毛衣

喜庆的红色给人一种赏心悦目的视觉盛宴，这样的一款毛衣更适合皮肤白皙的小女孩穿着。

送给宝宝的手编毛衣

编织方法
P193

龙图案毛衣

经典的款式加上帅气的图案构成了这款时尚毛衫，赶快动手为你的宝宝也织一件吧。

编织方法
P194~195

粉色球球连衣裙

粉色是每个小女孩都喜欢的颜色，衣身系带处搭配的两个小绒球更加惹人喜欢。

编织方法
P196

送给宝宝的手编毛衣

黄色圆领开衫

此款开衫似乎没有任何吸引人的地方，但是只要做足搭配的功夫，相信也能穿出不一样的风采。

编织方法
P197~198

I Have the Baby Sweaters

可爱米奇毛衣

调皮可爱的米奇，一下子把小
朋友们带进了童话世界，这样的一
款男孩毛衣相信你也会爱上的。

编织方法
P199~200

花朵小背心

【成品规格】 衣长32cm，下摆宽26cm

【工　具】 10号棒针，钩针

【编织密度】 10cm²＝30针×45行

【材　料】 橘黄色羊毛线400g
亮珠3颗

编织要点：

1. 毛衣用棒针编织，由一片前片、一片后片组成，从下往上编织。

2. 先编织前片。
(1)用下针起针法起78针，编织8行花样A后，改织全下针，侧缝减针，方法是：每14行减1针减5次，织72行至袖窿。
(2)袖窿以上的编织。袖窿不用加减针，中间按花样B减针。
(3)从袖窿算起织至36行时，开始开领口，中间留32针在棒针上不用收针，两边减针，方法是：每2行减1针减4次，共减8针，余下针数不加不减织24行至肩部余10针。

3. 编织后片。
(1)先用下针起针法，起78针，编织8行花样A后，改织全下针，侧缝减针，方法是：每14行减1针减5次，织68行至袖窿。
(2)袖窿以上编织。袖窿不用加减针，中间按花样B减针。
(3)从袖窿算起50行时，开后领口，中间留16针在棒针上不用收针，两边减针，每2行减1针减4次，余下针数不加不减织10行至肩部余10针。

4. 缝合。将前片的侧缝与后片的侧缝对应缝合。前片的肩部与后片的肩部缝合。

5. 领子编织。领圈挑针，加前领口和后领口留下不用收针的针数共110针，织14行花样A。

6. 装饰。用钩针钩织小花，按彩图与亮珠缝合，编织完成。

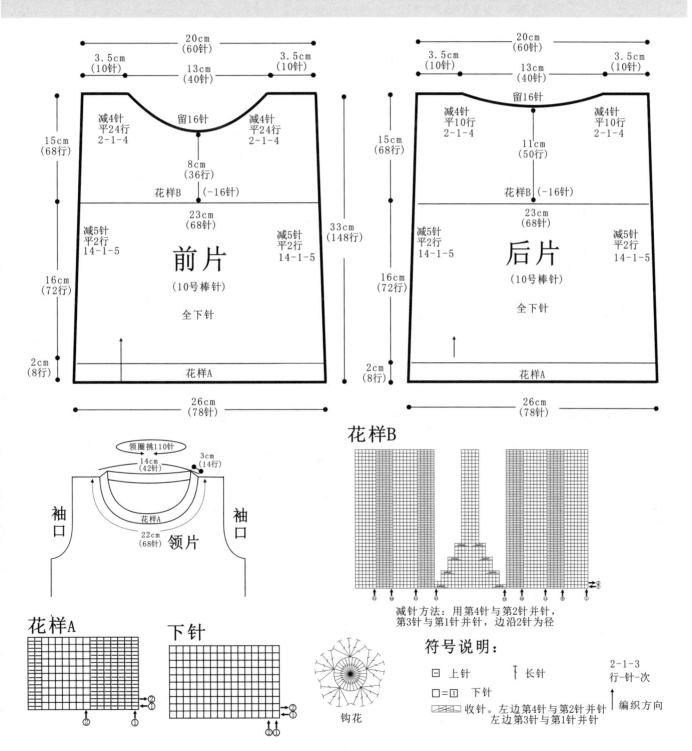

前片

20cm（60针）
3.5cm（10针）　13cm（40针）　3.5cm（10针）
减4针 平24行 2-1-4　留16针　减4针 平24行 2-1-4
8cm（36行）
花样B（-16针）
15cm（68行）
23cm（68针）
减5针 平2行 14-1-5　减5针 平2行 14-1-5
前片（10号棒针）
全下针
16cm（72行）
2cm（8行）
花样A
26cm（78针）
33cm（148行）

后片

20cm（60针）
3.5cm（10针）　13cm（40针）　3.5cm（10针）
留16针
减4针 平10行 2-1-4　减4针 平10行 2-1-4
11cm（50行）
花样B（-16针）
15cm（68行）
23cm（68针）
减5针 平2行 14-1-5　减5针 平2行 14-1-5
后片（10号棒针）
全下针
16cm（72行）
2cm（8行）
花样A
26cm（78针）

领片
领圈挑110针
14cm（42针）　3cm（14行）
花样A
22cm（68针）
袖口　　袖口

花样B

减针方法：用第4针与第2针并针，第3针与第1针并针，边沿2针为径

符号说明：

□ 上针　　↑ 长针
□＝□ 下针
收针。左边第4针与第2针并针 左边第3针与第1针并针

2-1-3
行-针-次
↑ 编织方向

花样A　　**下针**

钩花

珍珠花连帽坎肩

【成品规格】 衣长35cm，胸围56cm

【工具】 7号棒针

【编织密度】 10cm² =24针×24行

【材料】 炫棉线250g
纽扣3颗

编织要点：

1. 后片：起63针按图解织花样，两侧各加2针，织至24行中间花样变化，同时开挂肩，两肩各留20针，中间的针数穿起待织帽子。

2. 前片：将后片两肩继续织前片，对称加针织出V领，下面对称编织。

3. 帽子：将后领窝的针数穿起来织帽，完成。

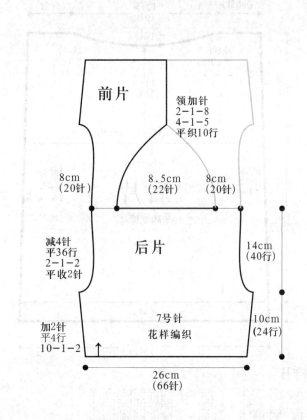

前片

领加针
2-1-8
4-1-5
平织10行

8cm
（20针）

8.5cm
（22针）

8cm
（20针）

减4针
平36行
2-1-2
平收2针

后片

14cm
（40行）

加2针
平4行
10-1-2

7号针
花样编织

10cm
（24行）

26cm
（66针）

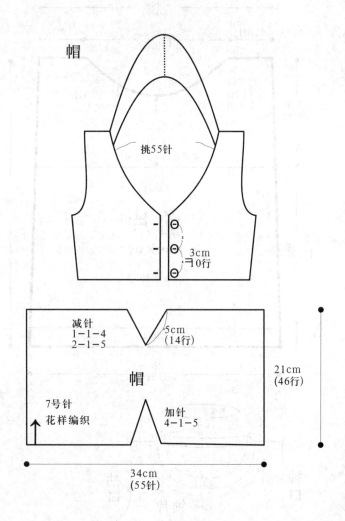

帽

挑55针

3cm
（10行）

减针
1-1-4
2-1-5

5cm
（14行）

帽

7号针
花样编织

加针
4-1-5

21cm
（46行）

34cm
（55针）

花样编织

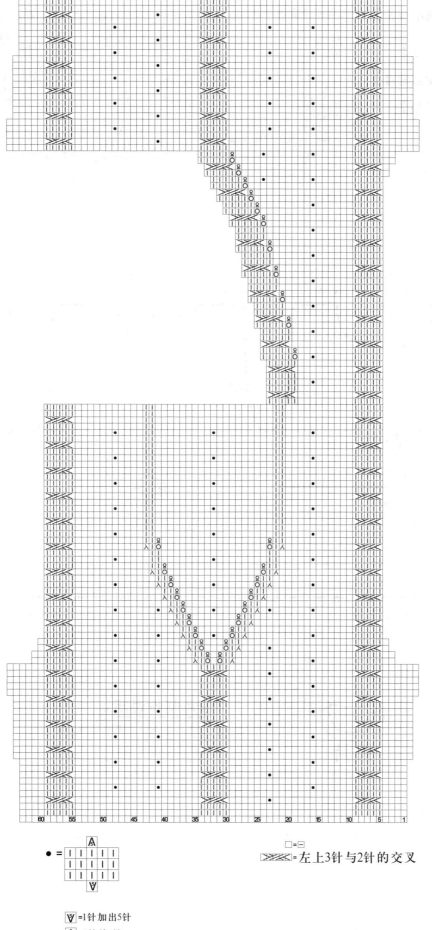

● = | | | | | |
      | | | | | |
      | | | | | |

□=⊟

▷▷▷◁◁◁ =左上3针与2针的交叉

Ⅴ=1针加出5针

Ⅰ=5针并1针

三色帅气毛衣

【成品规格】 衣长33cm, 胸围56cm
肩宽21.5cm

【工具】 12号棒针

【编织密度】 10cm²=28针×38行

【材料】 白色棉线200g
黄色棉线150g
蓝色棉线30g
灰色、橙色、黑色棉线少量

编织要点：

1. 棒针编织法，袖窿以下一片环形编织，袖窿起分为前片、后片来编织。

2. 起织，单罗纹起针法，蓝色线起156针，织花样A，织16行后，改为白色线织花样B，织至72行，第73行起，将织片分成前片和后片分别编织，各取78针，先织后片。

3. 分配后片的针数到棒针上，起织时两侧减针织成袖窿，方法为1-4-1、2-1-5，织至123行，中间平收28针，两侧减针，方法为2-1-2，织至126行，两侧肩部各余下14针，收针断线。

4. 分配前片的针数到棒针上，起织时两侧减针织成袖窿，方法为1-4-1、2-1-5，织至108行，第109行起，中间平收16针，两侧减针，方法为2-2-1、2-1-6，织至126行，两侧肩部各余下14针，收针断线。

5. 将两肩部对应缝合。

6. 编织三个口袋。黄色线从前片第29行高度处挑针起织，挑起第5至24针织花样B，织20行后，收针，将口袋片左右侧与前片对应缝合。同样的方法挑织另外两个口袋。

7. 在口袋上方绣图案a。

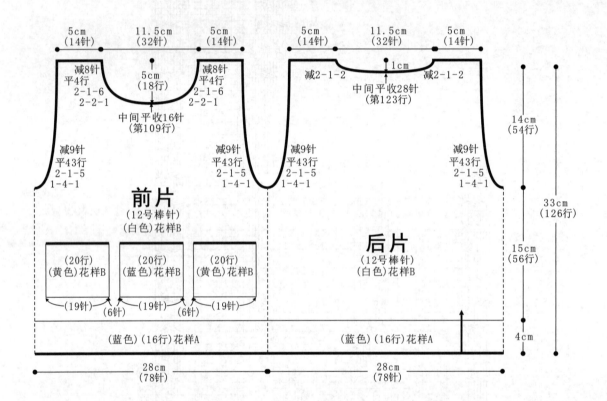

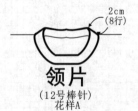

领片
（12号棒针）
花样A

领片制作说明

1. 棒针编织法，蓝色线编织，领片环形编织完。
2. 沿前后领口挑起72针织花样A，织8行后，单罗纹针收针法收针断线。

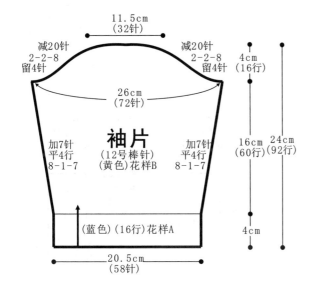

11.5cm
(32针)

减20针　　　　　　减20针
2-2-8　　　　　　2-2-8
留4针　　　　　　留4针

4cm
(16行)

26cm
(72针)

袖片

(12号棒针)
(黄色)花样B

加7针　　　　　　加7针
平4行　　　　　　平4行
8-1-7　　　　　　8-1-7

16cm　24cm
(60行)(92行)

(蓝色)(16行)花样A

4cm

20.5cm
(58针)

袖片制作说明

1.棒针编织法，编织两片袖片。从袖口往上编织。

2.单罗纹起针法，蓝色线起58针织花样A，织16行后，改为黄色线织花样B，两侧一边织一边按8-1-7的方法加针，织至76行，织片变成72针，两侧减针编织袖山，方法为留4针、2-2-8，织至92行，织片余下32针，收针断线。

3.同样的方法再编织另一袖片。

4.缝合方法:将袖山对应前片与后片的袖窿线，用线缝合，再将两袖侧缝对应缝合。

符号说明:

□　　　上针

□=Ⅰ　　下针

2-1-3　行-针-次

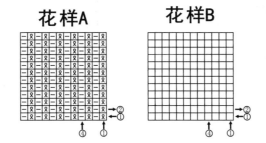

花样A　　　花样B

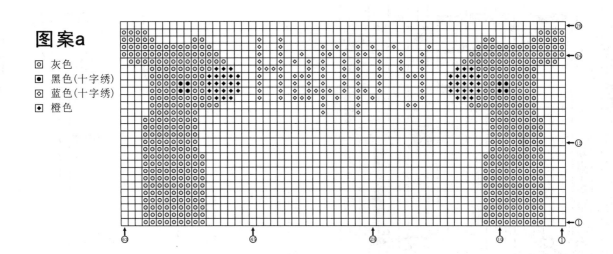

图案a

▣　灰色
▣　黑色(十字绣)
▣　蓝色(十字绣)
◆　橙色

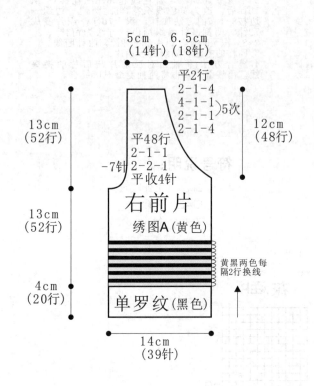

小老虎图案坎肩

【成品规格】 衣长30cm，胸围56cm，肩宽23cm

【工具】 2mm、2.5mm棒针

【编织密度】 10cm² =28针×40行

【材料】 黄色毛线150g
黑色毛线200g
纽扣3颗

编织要点：

1. 右前片：用2.0mm棒针、黑色线起39针织单罗纹4cm，换2.5mm棒针往上织下针，按图解换线编织，条纹结束后用黄色线编织下针，织到13cm处开挂肩，按图解收袖窿、领口。左前片织法与右前片相同。

2. 后片：用2.0mm棒针起78针，从下往上织4cm单罗纹，换2.5mm棒针编织下针，后片全用黑色线编织。

3. 前后片缝合，用黑色线按图解挑门襟、袖边。钉上纽扣。

4. 整理熨烫，衣服完成。

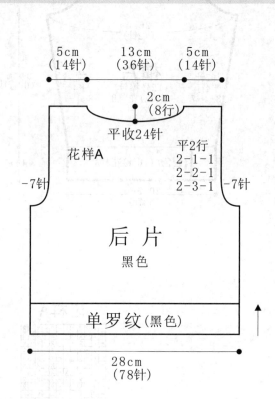

右前片图示：

5cm（14针）　6.5cm（18针）

平2行
2-1-4
4-1-1 } 5次
2-1-1
2-1-4

13cm（52行）　12cm（48行）

平48行
2-1-1
-7针 2-2-1
平收4针

右前片

绣图A(黄色)

黄黑两色每隔2行换线

13cm（52行）

4cm（20行）

单罗纹(黑色)

14cm（39针）

后片图示：

5cm（14针）　13cm（36针）　5cm（14针）

2cm（8行）
平收24针

花样A

平2行
2-1-1
-7针 2-2-1 -7针
2-3-1

后 片

黑色

单罗纹(黑色)

28cm（78针）

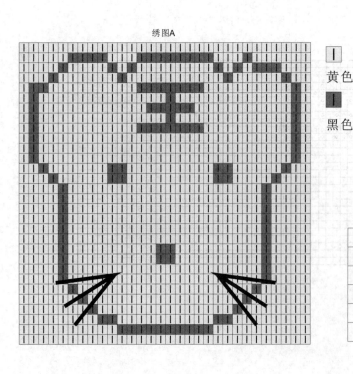

绣图A

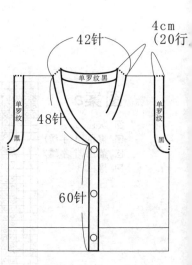

42针

单罗纹黑

48针

60针

4cm（20行）

单罗纹黑

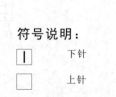

I 黄色

▮ 黑色

单罗纹

符号说明：

I	下针
□	上针

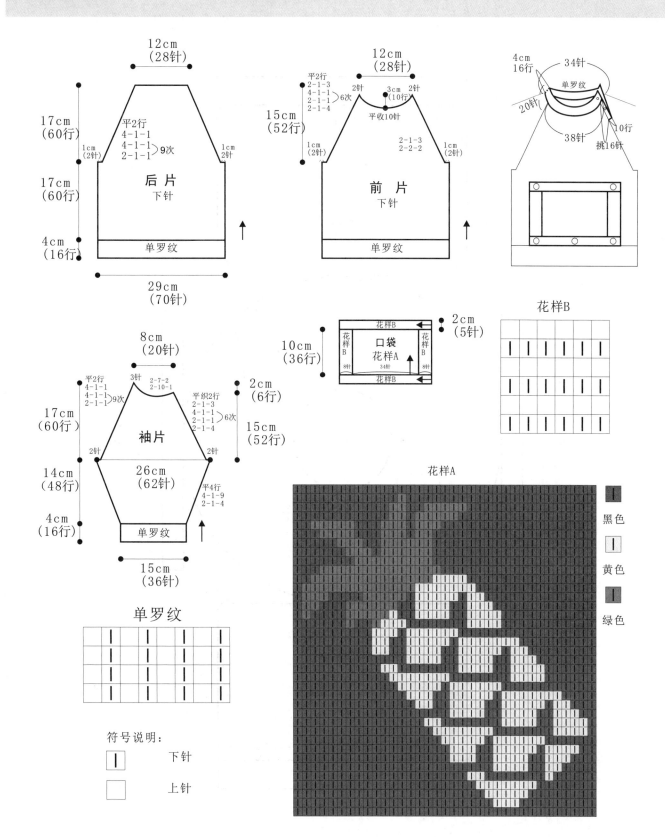

菠萝图案毛衣

【成品规格】 胸围58cm，衣长38cm，袖长35cm

【工具】 2.5mm、3.0mm棒针

【编织密度】 10cm²=24针×35行

【材料】
黑毛线300g
黄毛线50g
绿毛线少许
小纽扣2颗
大纽扣5颗

编织要点：

1.前片：用2.5mm棒针起70针，从下往上织单罗纹4cm，换3.0mm棒针织下针，按图解收斜肩和领口。

2.后片：起针同前片，按图解收斜肩，收完平收28针。

3.袖片起36针，挂肩减针等按图解编织。

4.前后片、衣袖缝合，注意右袖与前片空6cm不缝合，领部挑针织单罗纹。口袋单独按图解织完钉在前片。

5.整理，熨烫。

后片

12cm（28针）

17cm（60行）

平2行
4-1-1
4-1-1 ⎫9次
2-1-1

1cm（2针）   1cm（2针）

17cm（60行）

后 片
下针

4cm（16行）
单罗纹

29cm（70针）

前片

12cm（28针）

15cm（52行）

平2行
2-1-3
4-1-1 ⎫6次
2-1-1
2-1-4

2针   3cm（10行）   2针
平收10针

前 片
下针

2-1-3
2-2-2

1cm（2针）   1cm（2针）

单罗纹

4cm 16行   34针
单罗纹
20针   38针   挑16针   10行

8cm（20针）

17cm（60行）

平2行
4-1-1
4-1-1 ⎫9次
2-1-1

3针   2-7-2
2-10-1

平织2行
2-1-3
4-1-1 ⎫6次
2-1-1
2-1-4

2cm（6行）

15cm（52行）

2针   袖 片   2针

26cm（62针）

平4行
4-1-9
2-1-4

14cm（48行）

4cm（16行）
单罗纹

15cm（36针）

花样B

2cm（5针）

花样B   口袋花样A   花样B

10cm（36行）   34针   8针

8针

单罗纹

花样A

黑色

黄色

绿色

符号说明：

| 下针

□ 上针

韩版连衣裙

【成品规格】 胸围64cm, 衣长44cm, 袖长16cm

【工具】 2.75mm、3.0mm棒针

【编织密度】 10cm² =22.5针×24行

【材料】 玫红色毛线350g

编织要点：

1.此款毛衣为领口往下编织，用3.0mm棒针起80针，织花样A，织38行，针数加为240针，前后片各66针，左右袖各54针。

2.因要形成前后落差，后片66针先织2cm(4行)，然后两边各放出3针，为腋下针，72针与前片72针连起来圈织11cm下针，再织11cm花样B，换2.75mm棒针织单罗纹4cm。

3.袖隆挑54针，再挑起腋下10针共64针用2.75mm棒针织单罗纹3cm。衣领按图解编织。

4.编织花朵钉在前胸口，整理，熨烫。

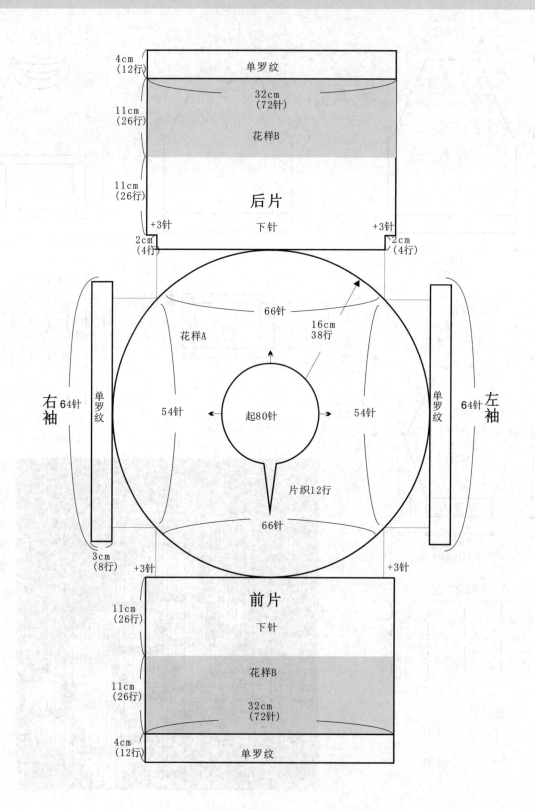

花朵
6cm

衣领　单罗纹

8cm
(22行)

36cm
(80针)

符号说明：

| 下针

□ 上针

◎ 镂空针

⊠³ 2针并1针再加成3针

⊠⁴ 3针并1针再加成4针

延伸针（3行时）

花样A

单罗纹

花样B

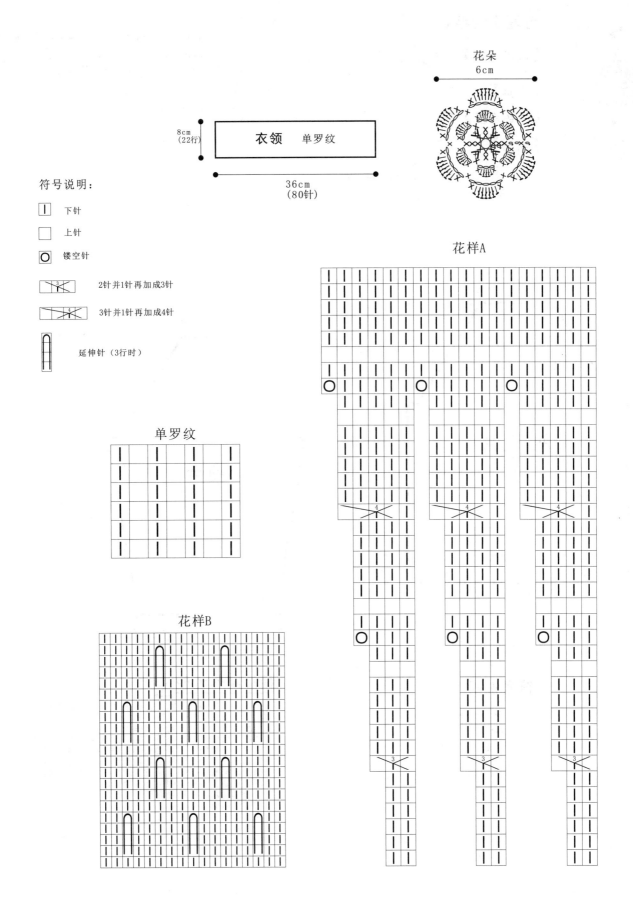

可爱小猪毛衣

【成品规格】 衣长33cm，胸围58cm，连肩袖长33cm

【工具】 13号棒针

【编织密度】 10cm² =29针×38行

【材料】 蓝色棉线共400g
灰色棉线50g
白色棉线20g
黑色、橙色棉线各少量

编织要点：

1. 棒针编织法，衣身片分为前片和后片分别编织，完成后与袖片缝合而成。
2. 起织后片，蓝色线起84针，织花样A，织18行后，改织花样B，织至82行，第83行织片左右两侧各收4针，然后减针织成斜肩，方法为2-1-22，织至126行，织片余下32针，用防解别针扣起，留待编织衣领。
3. 同样的方法编织前片。
4. 将前片与后片的侧缝缝合。
5. 前片绣图案a。

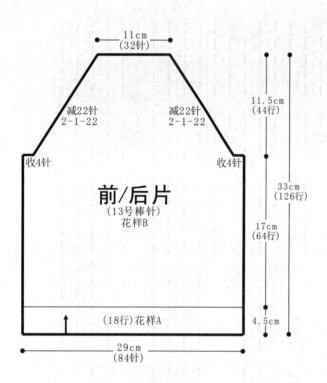

前/后片
（13号棒针）
花样B

11cm（32针）
减22针 2-1-22
减22针 2-1-22
收4针
收4针
11.5cm（44行）
33cm（126行）
17cm（64行）
4.5cm
（18行）花样A
29cm（84针）

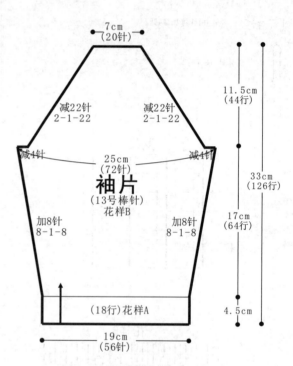

袖片
（13号棒针）
花样B

7cm（20针）
减22针 2-1-22
减22针 2-1-22
减4针
减4针
25cm（72针）
加8针 8-1-8
加8针 8-1-8
11.5cm（44行）
33cm（126行）
17cm（64行）
4.5cm
（18行）花样A
19cm（56针）

符号说明：

□　上针
□=□　下针
2-1-3　行-针-次

袖片制作说明

1. 棒针编织法，编织两片袖片。从袖口起织。
2. 双罗纹起针法，蓝色线起56针，织花样A，织18行后，改为6行灰色与6行蓝色线间隔编织花样B，一边织一边两侧加针，方法为8-1-8，织至82行，第83行两侧各收针4针，接着两侧减针编织插肩袖山。方法为2-1-22，织至126行，织片余下20针，收针断线。
3. 同样的方法编织左袖片。
4. 将两袖侧缝对应缝合。

花样A

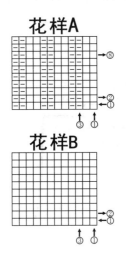

花样B

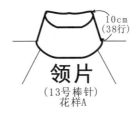

领片

（13号棒针）
花样A

10cm
（38行）

领片制作说明

1.棒针编织法，蓝色线编织，
领片环形编织完。
2.沿前后领口挑起104针织花样
A，织38行后，双罗纹针收针法
收针断线。

图案a

☑ 白色
◙ 橙色(十字绣)
◩ 黑色(十字绣)

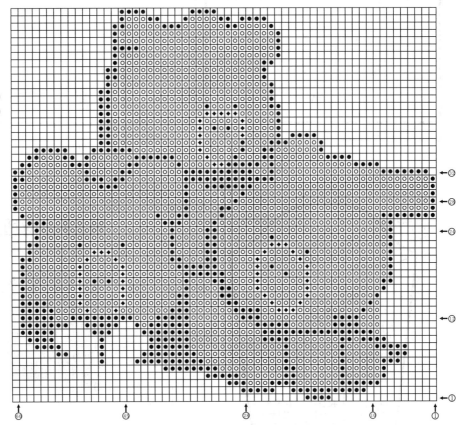

大红色套头衫

【成品规格】 衣长37cm，胸围54cm，
肩宽21.5cm，袖长33cm

【工具】 12号棒针

【编织密度】 10cm² = 32针×33行

【材料】 红色棉线400g
黄色棉线20g

编织要点：

1.棒针编织法，衣身分为前片、后片来编织。
2.起织后片，双罗纹起针法，红色线起86针，织花样A，3行红色与3行黄色线间隔编织，织24行后，改为红色线织花样B，织至80行，两侧袖窿减针，方法为1-4-1、2-1-4，织至118行，第119行将织片中间平收30针，两侧减针织成后领，方法为2-1-2，织至122行，两肩部各余下18针，收针断线。
3.起织前片，双罗纹起针法，红色线起86针，织花样A，3行红色与3行黄色线间隔编织，织24行后，改为红色线织花样B与花样C组合编织，织片中间织54针花样C，两侧余下针数织花样B，织至80行，两侧袖窿减针，方法为1-4-1、2-1-4，织至106行，第107行将织片中间平收18针，两侧减针织成前领，方法为2-1-8，织至122行，两肩部各余下18针，收针断线。
4.将前后片侧缝缝合，两肩部对应缝合。

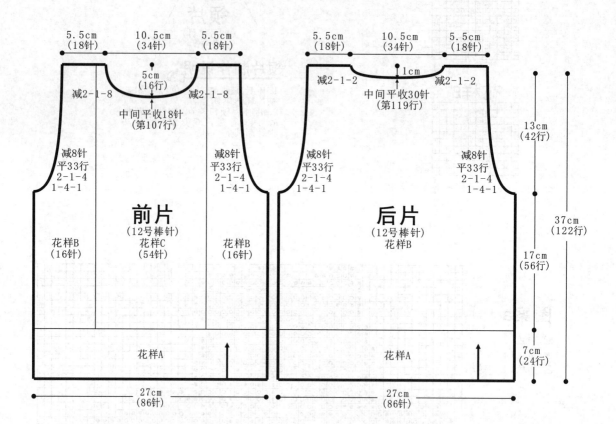

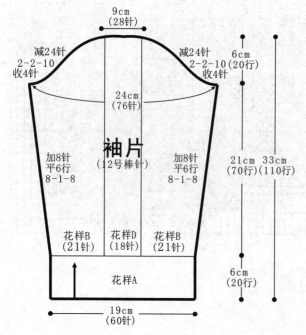

袖片制作说明

1.棒针编织法，编织两片袖片。从袖口往上编织。
2.双罗纹起针法，红色线起60针，织花样A，织20行后，改为花样B与花样D组合编织，织片中间织18针花样D，两侧余下针数织花样B，一边织一边按8-1-8的方法加针，织至90行，织片变成76针，两侧减针编织袖山，方法为平收4针、2-1-10，织至110行，织片余下28针，收针断线。
3.同样的方法再编织另一袖片。
4.缝合方法:将袖山对应前片与后片的袖窿线，用线缝合，再将两袖侧缝对应缝合。

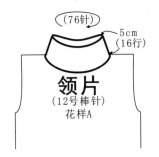

（76针）

5cm
（16行）

领片
（12号棒针）
花样A

领片制作说明
1.棒针编织法，环形挑织领片。
2.沿领口挑起76针，织花样A，3行红色与3行黄色线间隔环形编织，织16行后，收针断线。

符号说明：

□	上针
□=〓	下针
⧓	左上1针交叉
⧓⧓	左上2针交叉
⧓⧓	右上2针交叉
⧓⧓⧓	右上3针交叉

2-1-3 行-针-次

花样D

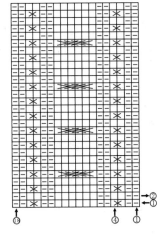

花样A

花样B

花样C

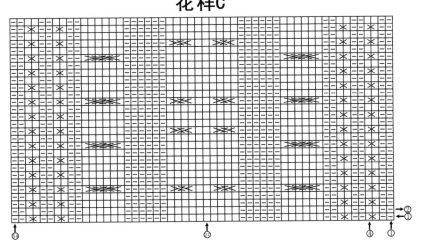

小猫咪图案毛衣

【成品规格】 胸围68cm，衣长34cm，
袖长33cm

【工具】 2.5mm、3.0mm棒针

【编织密度】 10cm²=24针×35行

【材料】 红色毛线250g
白色毛线50g
黑、紫、黄、蓝、
绿、橘各色线少许

编织要点：
1.前片：用2.5mm棒针、红色线起82针，从下往上织双罗纹4cm，换3.0mm棒针织下针，斜肩、领部按图解编织。
2.后片：起针同前片，按图解编织。
3.衣袖用2.5mm棒针、红色线起36针，织双罗纹4cm，换3.0mm棒针、白色线织下针8cm后换红线编织下针，袖山等按图解编织。
4.前后片、衣袖缝合后，按图解挑领部，前片、袖口分别按绣图A、绣图B绣图。

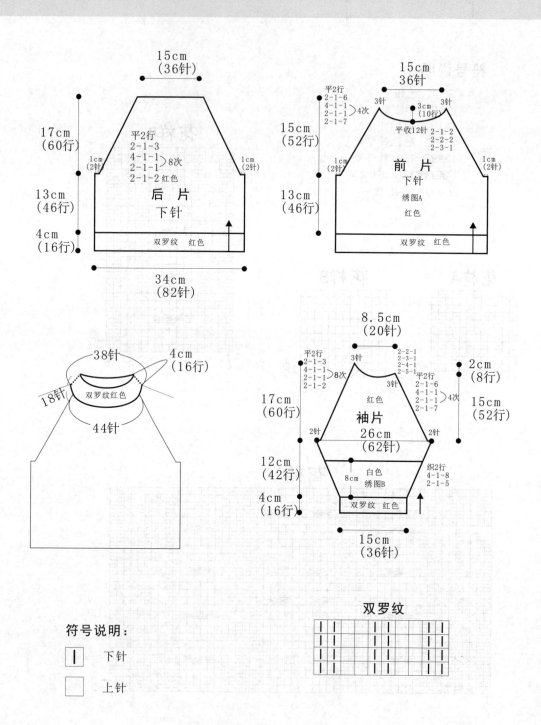

后片 下针
15cm（36针）
17cm（60行）
平2行
2-1-3
4-1-1
2-1-1 }8次
2-1-2 红色
1cm（2针）
13cm（46行）
4cm（16行）
双罗纹 红色
34cm（82针）

前片 下针
15cm 36针
平2行
2-1-6
4-1-1
2-1-1 }4次
2-1-7
3针
3cm（10行）
3针
平收12针 2-1-2 2-2-2 2-3-1
15cm（52行）
1cm（2针）
13cm（46行）
绣图A 红色
双罗纹 红色

38针
4cm（16行）
双罗纹红色
18针
44针

袖片 26cm（62针）
8.5cm（20针）
平2行
2-1-3
4-1-1
2-1-1 }8次
2-1-2
3针
2-2-1
2-3-1
2-4-1
2-5-1 }平2行
2-1-6
4-1-1
2-1-1 }4次
2-1-7
3针
2cm（8行）
15cm（52行）
红色
2针
2针
17cm（60行）
12cm（42行）
8cm 白色 绣图B
织2行 4-1-8 2-1-5
4cm（16行）
双罗纹 红色
15cm（36针）

双罗纹

符号说明：

| | 下针

□ 上针

102

绣图B

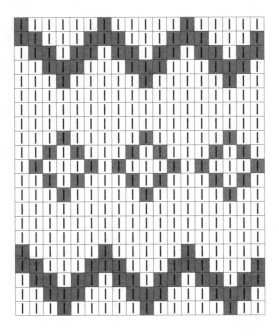

绣图A

红色　白色　紫色　黄色　黑色　蓝色　绿色　橘色

系带连衣裙

【成品规格】 衣长40cm，胸围56cm
　　　　　　 肩宽20cm

【工具】 12号棒针，1.25mm钩针

【编织密度】 10cm² = 31.5针×40行

【材料】 白色棉线200g
　　　　 黄色棉线150g
　　　　 蓝色棉线30g
　　　　 灰色、橙色、黑色棉线少量

编织要点：

1. 棒针编织法，袖窿以下一片环形编织，袖窿起分为前片、后片来编织。

2. 起织，下针起针法，起216针，织花样A，织72行后，改织花样B，织至94行，第95行起，将织片分成前片和后片分别编织，各取108针，先织后片。

3. 分配后片的针数到棒针上，将织片分散减针成82针，织花样C，起织时两侧减针织成袖窿，方法为平收4针、2-1-7，织至147行，中间平收20针，两侧减针，方法为2-1-8，织至160行，两侧肩部各余下12针，收针断线。

4. 分配前片的针数到棒针上，将织片分散减针成82针，织花样C，起织时两侧减针织成袖窿，方法为平收4针、2-1-7，织至125行，中间平收12针，两侧减针，方法为2-2-2、2-1-8，织至160行，两侧肩部各余下12针，收针断线。

5. 将两肩部对应缝合。

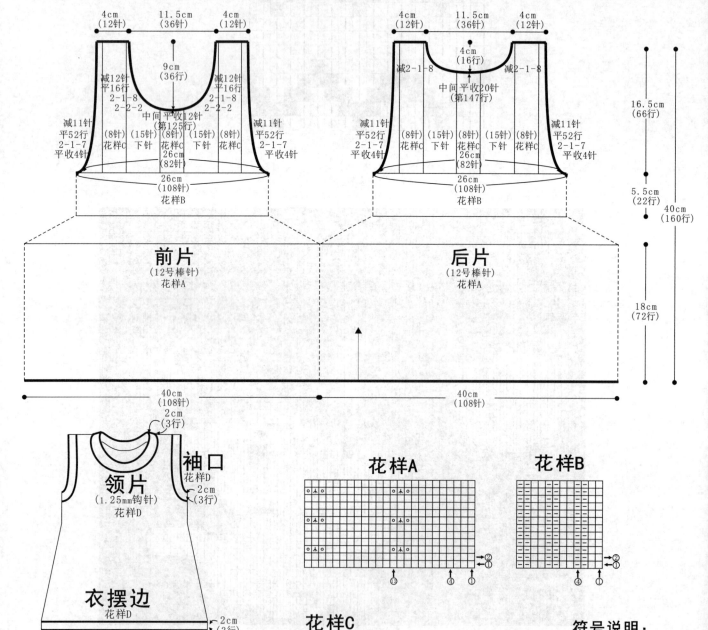

领片/袖口制作说明

1. 领片沿领口钩织花样D，共钩住行，断线。

2. 沿两侧袖窿分别钩织花样D，共钩住行，断线。

3. 衣摆沿衣摆片下端钩织花样D，共钩住行，断线。

符号说明：

□　　上针
□=１　下针
◎　　镂空针
⚠　　中上3针并1针
2-1-3　行-针-次

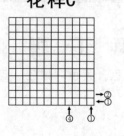

104

配色小坎肩

【成品规格】 衣长32cm，胸围58cm，肩宽24.5cm

【工具】 12号棒针

【编织密度】 10cm²=33.8针×39.4行

【材料】 蓝色棉线200g
白色棉线50g
纽扣3颗

编织要点：
1. 棒针编织法，衣身分为左前片、右前片、后片来编织。
2. 起织后片，下针起针法，蓝色线起98针，织花样A，织10行后，改为白色线织花样B，织至42行，改回蓝色线编织，织至66行，第67行起，两侧各织8针花样A作为袖边，中间衣身部分减针，方法为2-1-7，织至116行，全部改织花样A，织至126行，织片余下84针，收针断线。
3. 起织左前片，下针起针法，蓝色线起53针，织花样A，织10行后，第11行起，改为白色线编织，右侧继续编织8针花样A作为衣襟，左侧衣身部分改织花样B，织至42行，改回蓝色线编织，织至66行，第67行起，左侧织8针花样A作为袖边，中间衣身部分左侧袖窿减针，方法为2-1-7，织至116行，全部改织花样A，织至126行，织片余下24针，收针断线。
4. 同样的方法编织右前片，完成后将两侧缝缝合，两肩部对应缝合。
5. 蓝色线在衣摆位置平针绣方式绣图案a。

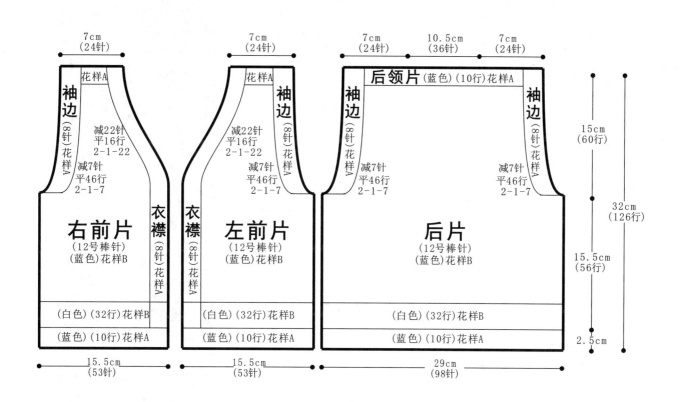

花样A

花样B

图案a ☐ 蓝色线

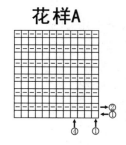

符号说明：

☐ 上针

☐=① 下针

2-1-3 行-针-次

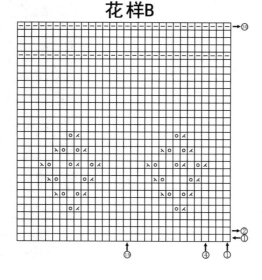

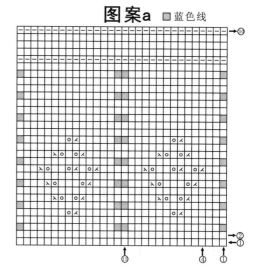

经典数字毛衣

【成品规格】 衣长40cm，胸围64cm，肩宽26cm，袖长36cm

【工具】 2.0mm、2.5mm棒针

【编织密度】 10cm² =26针×38行

【材料】 海军蓝毛线150g 白色毛线50g

编织要点：

1.前片：用2.0mm棒针、海军蓝色线起84针，从下往上织单罗纹6cm，换2.5mm棒针织花样A，按图解挂、收领子。

2.后片：织法同前片，后领按图解编织。

3.袖片：用2.0mm棒针、海军蓝色线起36针，从下往上织单罗纹6cm后，换2.5mm棒针织花样A，按图解放针、收袖山。

4.前后片、袖片缝合，按图解挑领边编织单罗纹，用白色线在前片绣上绣图B。

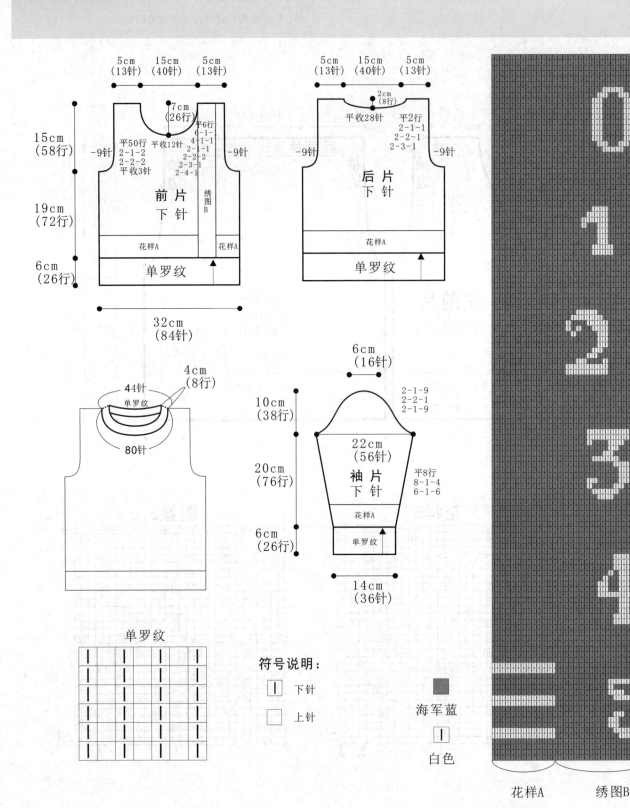

106

彩虹扣开衫

【成品规格】 衣长33cm，胸围58cm，连肩袖长33cm

【工具】 13号棒针

【编织密度】 10cm²=30.3针×40行

【材料】 灰色棉线350g
黑色棉线50g
绿色、蓝色棉线各少量
纽扣6颗

编织要点：

1.棒针编织法，衣身片分为左前片、右前片和后片分别编织，完成后与袖片缝合而成。

2.起织后片，黑色线起88针，织花样A，织2行后，改为灰色线编织，织至12行，改织花样B，织至80行，第81行织片左右两侧各收针4针，然后减针织成斜肩，方法为2-1-26，织至132行，织片余下28针，用防解别针扣起，留待编织衣领。

3.起织右前片，黑色线起41针，织花样A，织2行后，改为灰色线编织，织至12行，改织花样B，颜色按4行黑色、4行灰色、4行黑色、4行绿色、4行灰色、4行蓝色顺序编织，织至36行，第37行全部改为灰色线编织，织至80行，第81行织片右侧收针4针，然后减针织插肩斜，方法为2-1-26，织至116行，织片左侧减针织成前领，方法为1-2-1、2-1-8，织至132行，织片余下1针，用防解别针扣起，留待编织衣领。

4.同样的方法相反方向编织左前片，左前片起针织2行黑色，第3行起全部改为灰色线编织，完成后将左右前片与后片的侧缝缝合。

5.左前片衣摆绣图案a。

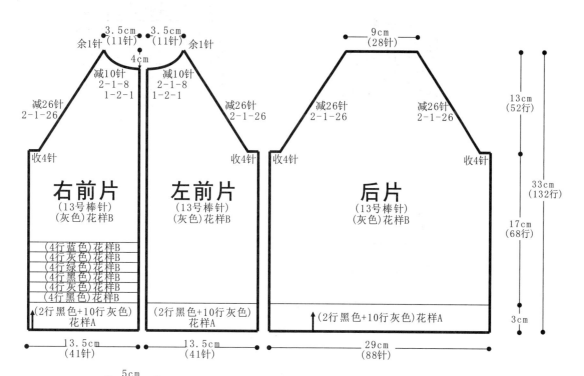

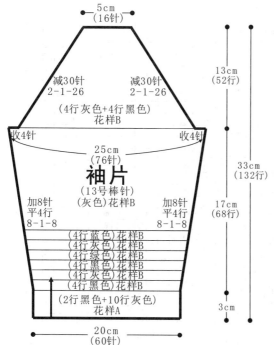

袖片制作说明

1.棒针编织法，编织两片袖片。从袖口起织。

2.单罗纹起针法，黑色线起60针，织花样A，织2行后，改为灰色线，织10行，然后改织花样B，颜色按4行黑色、4行灰色、4行黑色、4行绿色、4行灰色、4行蓝色顺序编织，一边织一边两侧加针，方法为8-1-8，织至36行，全部改为灰色线编织，织至80行，两侧各收针4针，改为4行灰色4行黑色交替编织，两侧减针编织插肩袖山。方法为2-1-26，织至132行，织片余下16针，收针断线。

3.同样的方法编织左袖片。

4.将两袖侧缝对应缝合。

领片

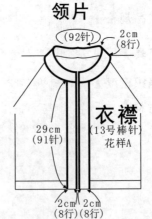

（92针） 2cm（8行）

衣襟
（13号棒针）
花样A

29cm（91针）

2cm（8行）2cm（8行）

符号说明：

□ 上针

□=Ⅰ 下针

2-1-3 行-针-次

领片/衣襟制作说明

1.棒针编织法，先挑织衣襟片，完成后再挑织领片。
2.沿左右衣襟侧分别挑起91针织花样A，灰色线织6行后，改织2行黑色线，收针断线。
3.沿领口挑起92针，织花样A，往返编织，灰色线织6行后，改织2行黑色线，收针断线。

花样A

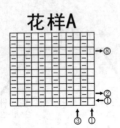

⑧

②
①

③ ①

花样B

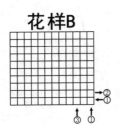

②
①

③ ①

图案a

回 黄色
● 红色

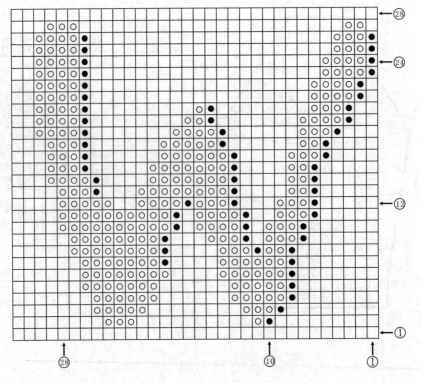

⑱

⑳

⑫

①

⑱ ⑩ ①

简约V领背心

【成品规格】 衣长35cm，胸围56cm

【工具】 12号棒针

【编织密度】 10cm² = 28针×40行

【材料】 灰色毛线200g
藏蓝色毛线50g

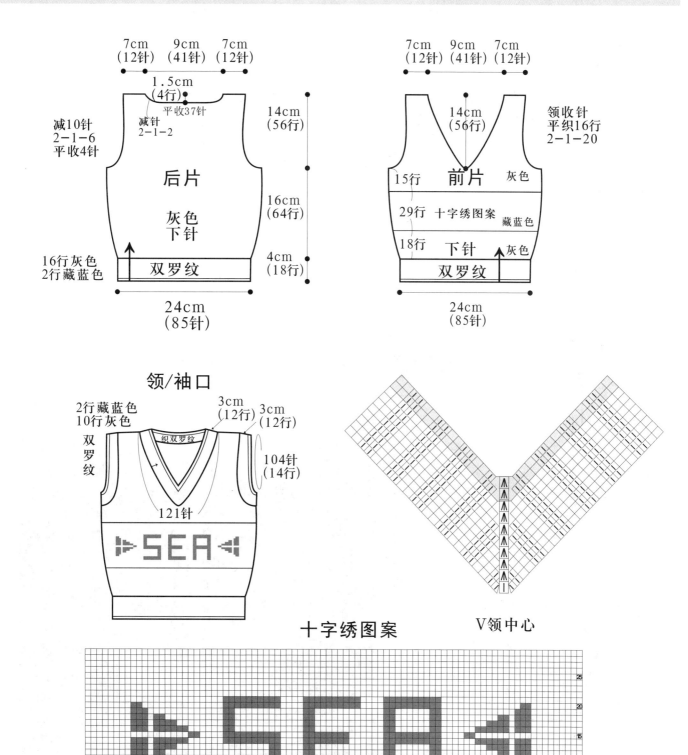

后片 灰色 下针

7cm（12针） 9cm（41针） 7cm（12针）

1.5cm（4行） 平收37针

减针 2-1-2

14cm（56行）

减10针 2-1-6 平收4针

16cm（64行）

16行灰色 2行藏蓝色 双罗纹

4cm（18行）

24cm（85针）

前片 灰色

7cm（12针） 9cm（41针） 7cm（12针）

14cm（56行）

领收针 平织16行 2-1-20

15行

29行 十字绣图案 藏蓝色

18行 下针 灰色

双罗纹

24cm（85针）

领/袖口

2行藏蓝色 10行灰色 双罗纹

3cm（12行） 3cm（12行）

104针（14行）

121针

SEA

V领中心

十字绣图案

SEA

小火龙图案毛衣

【成品规格】衣长33cm，胸围60cm，肩宽23cm，袖长25cm

【工具】2mm、2.5mm棒针

【编织密度】10cm² =26针×40行

【材料】
蓝色毛线200g
黄色、灰色毛线各100g
白色、红色毛线各30g
黑色毛线少许
纽扣6颗
眼睛装饰2个

编织要点:
1.右前片:用2.0mm棒针、灰色线起39针织单罗纹4cm，换2.5mm棒针，按图解换线编织，织到14cm处织袖窿，织完花样A换蓝色线织下针。按图解收领。左前片同右前片，花样A反方向。
2.后片:用2.0mm棒针、灰色线起78针，从下往上织4cm单罗纹，换2.5mm棒针按图解换线编织。
3.袖片:用2.0mm棒针起32针，织4cm单罗纹，换针换线按图解编织。袖山处按图解编织。
4.前后片、袖片缝合后按图解挑领子，挑门襟，用2.0mm棒针、灰色线编织单罗纹2cm。按图解钉上纽扣,龙眼睛。
5.整理熨烫。

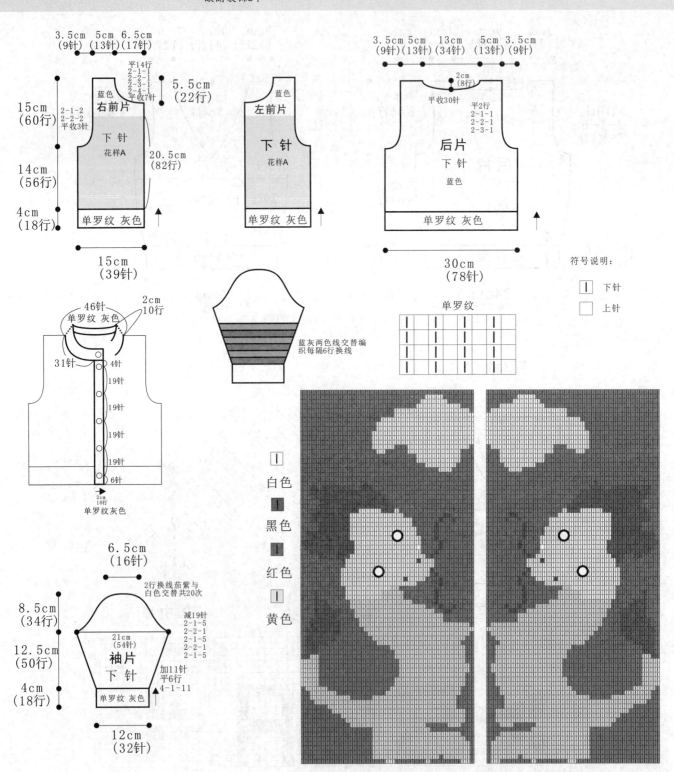

3.5cm 5cm 6.5cm
(9针)(13针)(17针)

平14行
2-1-1
2-1-1
2-3-1
2-4-1
平收7行

5.5cm(22行)

蓝色
右前片

15cm(60行)
2-1-2
2-2-2
平收3针

下针
花样A

20.5cm(82行)

14cm(56行)

4cm(18行)

单罗纹 灰色

15cm(39针)

左前片
蓝色

下针
花样A

单罗纹 灰色

3.5cm 5cm 13cm 5cm 3.5cm
(9针)(13针)(34针)(13针)(9针)

2cm(8行)

平收30针

平2行
2-1-1
2-2-1
2-3-1

后片
下针
蓝色

单罗纹 灰色

30cm(78针)

46针 2cm 10行
单罗纹 灰色

31针 4针
19针
19针
19针
19针
19针
6针

2cm 10行
单罗纹 灰色

蓝灰两色线交替编织每隔6行换线

单罗纹

符号说明:
I 下针
□ 上针

6.5cm(16针)

2行换线茄紫与白色交替共20次

8.5cm(34行)

21cm(54针)

减19针
2-1-5
2-2-1
2-1-5
2-2-1
2-1-5

袖片
下针

12.5cm(50行)

加11针平6行
4-1-11

4cm(18行)

单罗纹 灰色

12cm(32针)

I 白色
I 黑色
I 红色
I 黄色

花样A（右前片）　　花样A（左前片）

红色偏襟衫

【成品规格】 衣长34cm，胸围56cm，肩宽23cm

【工具】 2mm、2.5mm棒针

【编织密度】 10cm² =28针×38行

【材料】 红色毛线250g

编织要点：

1. 右前片：用2.0mm棒针起50针织花样B 5cm，换2.5mm棒针往上织花样A 15cm，然后进行袖窿和领口减针。左前片织法相同。
2. 后片：用2.0mm棒针起80针，从下往上织5cm花样B，换2.5mm棒针织花样A，然后进行袖窿和领口减针。
3. 前后片缝合后按图解同时挑领子和门襟，还有袖边，用2.0mm棒针编织花样C 2cm。
4. 钩装饰系带钉在左右前片上。
5. 整理熨烫。

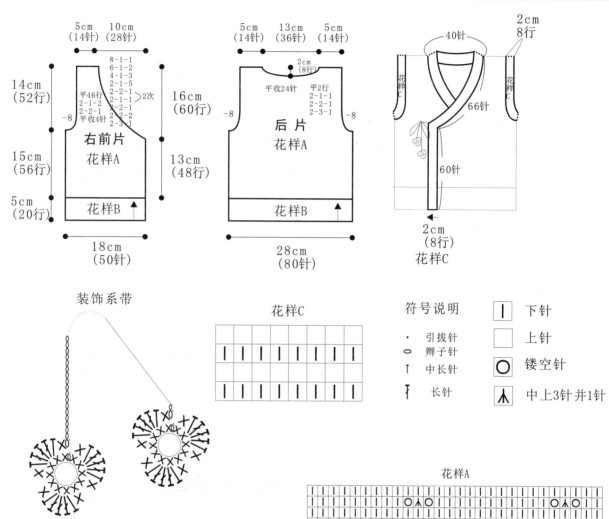

右前片
花样A

5cm（14针） 10cm（28针）

14cm（52行）

8-1-1
6-1-2
4-1-3
2-1-5
2-1-1 ⎫2次
2-2-1 ⎬
2-1-1 ⎭
2-2-1
2-1-1
2-2-1
平收4针
2-3-1

平46行
2-1-2
2-2-1
2-2-1

16cm（60行）

15cm（56行）

13cm（48行）

花样B

18cm（50针）

后 片
花样A

5cm（14针） 13cm（36针） 5cm（14针）

2cm（8行）

平收24针
平2行
2-1-1
2-2-1
2-3-1

花样B

28cm（80针）

40针
2cm 8行

66针
60针

2cm（8行）

花样C

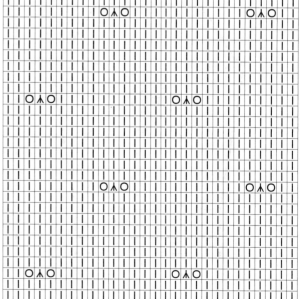

装饰系带

花样C

符号说明

| | 下针

▪ 引拔针   □ 上针

○ 辫子针   Ｏ 镂空针

⊤ 中长针

ϯ 长针   人 中上3针并1针

花样A

花样B

可爱小熊毛衣

【成品规格】 衣长33cm，胸围56cm
连肩袖长33cm

【工具】 13号棒针

【编织密度】 10cm²＝32针×40行

【材料】 天蓝色棉线300g
白色棉线80g
黄色、红色、绿色棉线各少量

编织要点：

1. 棒针编织法，衣身片分为前片和后片，分别编织，完成后与袖片缝合而成。
2. 起织后片，天蓝色线起90针，织花样A，织12行，改织花样B，织至76行，第77行织片左右两侧各收4针，然后减针织成斜肩，方法为2-1-28，织至132行，织片余下26针，用防解别针扣起，留待编织衣领。
3. 起织前片，前片编织方法与后片相同，织至120行，第121行起，织片中间留起12针不织，两侧减针织成前领，方法为2-1-6，织至132行，两侧各余下1针，用防解别针扣起，留待编织衣领。
4. 将前片与后片的侧缝缝合。
5. 前片中央用平针绣方式绣图案a。

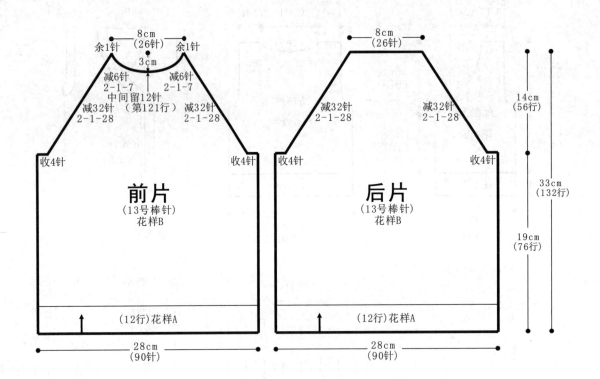

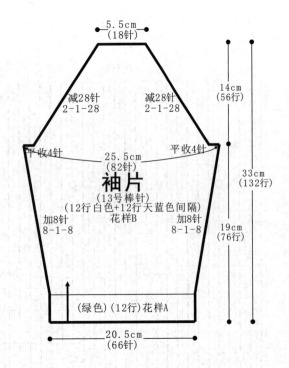

袖片制作说明

1. 棒针编织法，编织两片袖片。从袖口起织。
2. 双罗纹起针法，天蓝色线起66针，织花样A，织12行后，改为12行白色，12行天蓝色线间隔编织花样B，一边织一边两侧加针，方法为8-1-8，织至76行，两侧各收针4针，接着两侧减针编织插肩袖山。方法为2-1-28，织至132行，织片余下18针，收针断线。
3. 同样的方法编织另一个袖片。
4. 将两袖侧缝对应缝合。

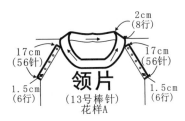

符号说明：

□　　上针

□＝Ⅰ　下针

2-1-3　行-针-次

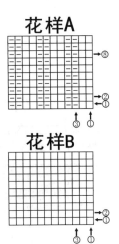

花样A

花样B

领片制作说明

1.棒针编织法，领片一片环形编织完成。天蓝色线沿前后领口挑起92针织花样A，织8行后，双罗纹针收针法收针断线。

2.挑织前片插肩边，沿前片左右斜肩蓝色线分别挑起56针，织花样A，织6行后，双罗纹针收针法收针断线。

3.将前后片插肩缝合。

图案a

回　黄色(平针绣)
⊠　黄色(十字绣)
●　红色(平针绣)
⊠　红色(十字绣)
◈　绿色(平针绣)
▣　白色(平针绣)

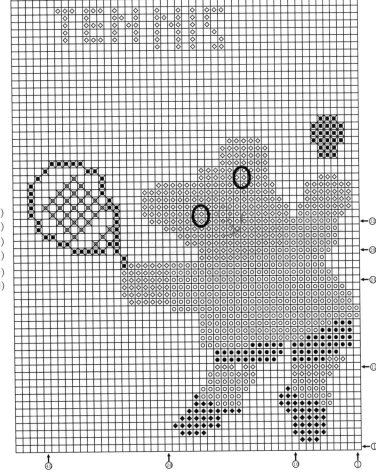

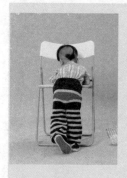

大嘴巴毛裤

【成品规格】 裤长46cm，腰围52cm

【工具】 10号棒针

【编织密度】 10cm² = 20针×30行

【材料】
杏色毛线50g
咖啡色毛线80g
红色毛线20g
松紧带若干

编织要点：
从裤腰往下织：用咖啡色线起54针织双罗纹20行，穿上松紧带重合。下面织下针；按图示间色编织，后片用间色的方式织出后翘，裆部加4针，裤腿平织间色彩条，裤脚织桂花针平收。绣上图案，完成。

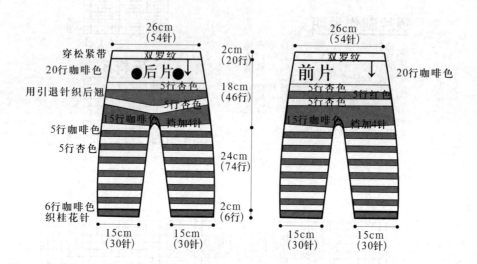

绣图案

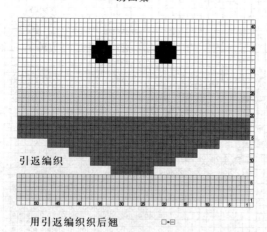

用引返编织织后翘　　□=□

桂花针

□=□

运动型拉链衫

【成品规格】 胸围72cm，衣长36cm，袖长36cm

【工具】 2.5mm、3.0mm棒针

【编织密度】 10cm²=24针×35行

【材料】 绿色毛线200g
白色毛线200g
黄色毛线50g
拉链1条

编织要点：

1. 右前片：用2.5mm棒针、白色线起43针，从下往上织双罗纹4行，按图解换线编织，共织双罗纹4cm，换3.0mm棒针绿色线织下针，按口袋图解编织，织到14cm口袋结束停止，用白色线在罗纹上第一排挑出43针，织下针，织到14cm处与口袋的12针2针并1针，白色线继续往上织下针，按图解收斜肩和领口。左前片织法与右前片同，织完后在口袋上部绣上绣图a。

2. 后片：起针方法同前片，起86针，罗纹结束换3.0mm棒针全用白色线织下针。

4. 衣袖绿色线起36针，挂肩减针等按图解编织，绿黄白三色换线编织。

5. 帽子：按图解编织。

6. 前后片、衣袖、帽子缝合后，按图解挑边，钉上拉链，整理，熨烫。

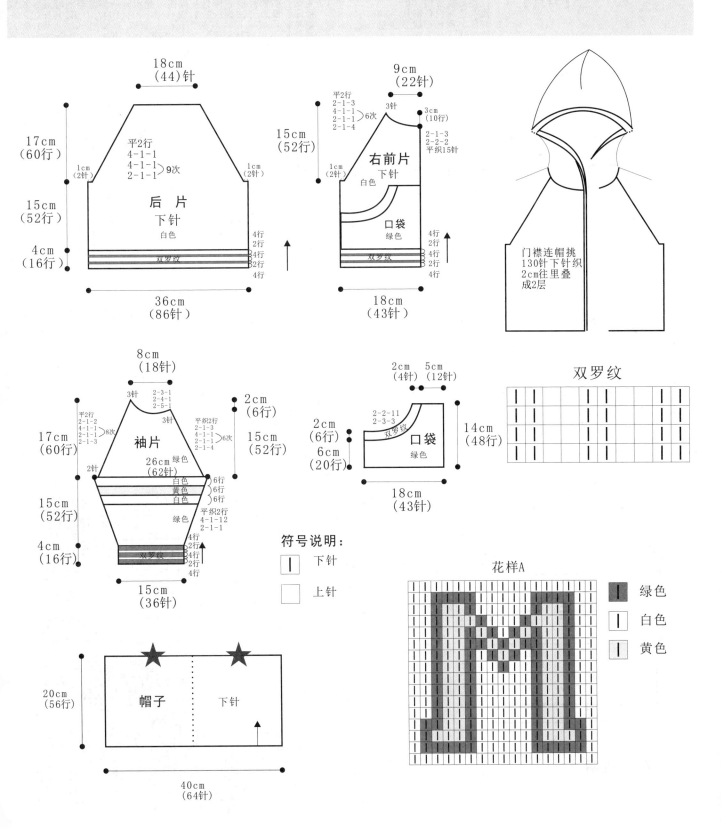

双罗纹

花样A

符号说明：

| 下针

□ 上针

绿色 白色 黄色

115

可爱小鸭图案毛衣

【成品规格】衣长33.5cm, 胸围62cm
肩宽26cm, 袖长31cm

【工具】13号棒针

【编织密度】10cm² =30针×40行

【材料】孔雀蓝色棉线300g
浅灰色、白色棉线各50g
红色、黄色棉线各少量
纽扣6颗

编织要点:

1.棒针编织法,袖窿以下一片编织完成,袖窿起分为左前片、右前片、后片来编织。织片较大,可采用环形针编织。
2.起织,双罗纹针起针法,蓝色线起176针起织花样A,织6行后,改织4行白色线,然后改为蓝色线继续编织,织至16行,第17行起改织花样B,织至78行,从第79行起将织片分片,分为左前片、右前片和后片,左右前片各取42针,后片取92针,先编织后片,而前片的针眼用防解别针扣住,暂时不织。
3.分配后身片的针数到棒针上,用13号棒针编织,起织时两侧需要同时减针织成袖窿,减针方法为1-4-1、2-1-4,两侧针数各减少8针,织至第131时,织片中间留取40针不织,两侧减针织成后领,方法为2-1-2,各减2针,织至134行,两肩部余下16针,收针断线。
4.前片编织,左右前片编织方法相同,方向相反,以右前片为例,右前片的右侧为编织袖窿,起织时两侧需要同时减针织成袖窿,减针方法为1-4-1、2-1-4,织至104行,第105行起,左侧减针织成前领,方法为1-6-1、2-2-3、2-1-6,共减18针,减针后不加减针织至134行,肩部余下16针,收针断线。同样的方法反方向编织左前片。
5.左右前片与后片的两肩部对应缝合。
6.在左右前片绣出小鸭及云朵图案。

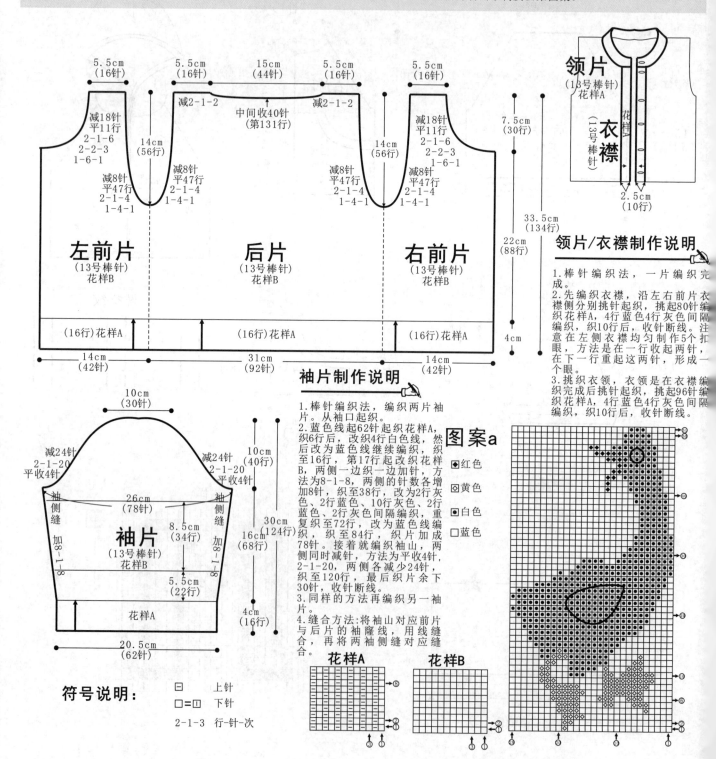

袖片制作说明

1.棒针编织法,编织两片袖片。从袖口起织。
2.蓝色线起62针起织花样A,织6行后,改织4行白色线,然后改为蓝色线继续编织,织至16行,第17行起改织花样B,两侧一边织一边加针,方法为8-1-8,两侧的针数各增加8针,织至38行,改为2行灰色、2行蓝色、10行灰色、2行蓝色、2行灰色间隔编织,重复织至72行,改为蓝色线编织,织至84行,两边加成78针。接着就编织袖山,两侧同时减针,方法为平收4针,2-1-20,两侧各减少24针,织至120行,最后织片余下30针,收针断线。
3.同样的方法再编织另一袖片。
4.缝合方法:将袖山对应前片与后片的袖窿线,用线缝合,再将两袖侧缝对应缝合。

领片/衣襟制作说明

1.棒针编织法,一片编织完成。
2.先编织衣襟,沿左右前片衣襟侧分别挑针起织,挑起80针编织花样A,4行蓝色4行灰色间隔编织,织10行后,收针断线。注意在左侧衣襟均匀制作5个扣眼,方法是在一行收起两针,在下一行重复这两针,形成一个眼。
3.挑织衣领,衣领是在衣襟编织完成后挑针起织,挑起96针编织花样A,4行蓝色4行灰色间隔编织,织10行后,收针断线。

图案a
■红色
⊠黄色
◘白色
□蓝色

符号说明:

□ 上针
□=□ 下针
2-1-3 行-针-次

绿色休闲毛衣

【成品规格】 衣长32cm，胸围58cm，
连肩袖长30cm

【工具】 13号棒针

【编织密度】 10cm² =30.3针×40行

【材料】 黑色棉线200g
绿色棉线200g
白色、黄色、咖啡色棉线各少量
纽扣6颗

编织要点：

1. 棒针编织法，衣身片分为左前片、右前片和后片分别编织，完成后与袖片缝合而成。

2. 起织后片，绿色线起88针，织花样A，织2行后，改为黑色线编织，织至12行，改织花样B，织至76行，第77行织片左右两侧各收4针，然后减针织成斜肩，方法为2-1-26，织至128行，织片余下28针，用防解别针扣起，留待编织衣领。

3. 起织右前片，绿色线起41针，织花样A，织2行后，改为黑色线编织，织至12行，改织花样B，织至22行，改织4行绿色、6行黑色、4行绿色，然后全部织黑色线，织至76行，第77行织片右侧收4针，然后减针织成斜肩，方法为2-1-26，织至86行，改织4行绿色、6行黑色、4行绿色，织至113行，织片左侧减针织成前领，方法为1-2-1、2-1-8，织至128行，织片余下1针，用防解别针扣起，留待编织衣领。

4. 同样的方法相反方向编织左前片，左前片起织织2行绿色，第3行起全部改为黑色线编织，完成后将左右前片与后片的侧缝缝合。

5. 左前片衣摆绣图案a，后身片绣图案b。

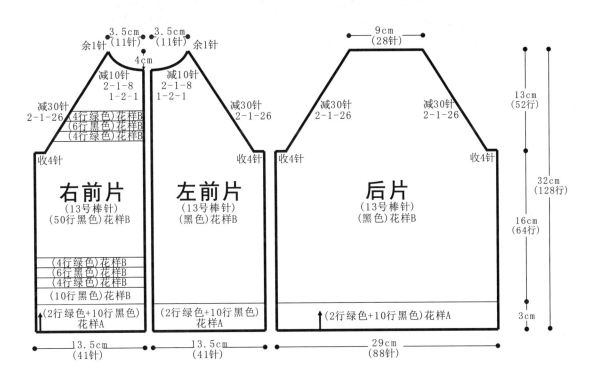

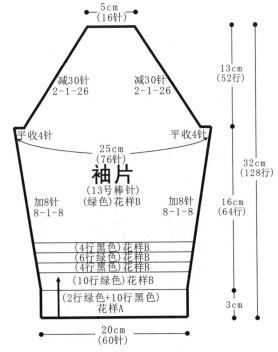

袖片制作说明

1. 棒针编织法，编织两片袖片。从袖口起织。

2. 双罗纹针起针法，绿色线起60针，织花样A，织2行后，改为黑色线编织，织至12行，改为绿色线织花样B，一边织一边两侧加针，方法为8-1-8，织至22行，改织4行黑色、6行绿色、4行黑色，织至36行，全部改织绿色线，织至76行，两侧各收针4针，接着两侧减针编织插肩袖山。方法为2-1-26，织至128行，织片余下16针，收针断线。

3. 同样的方法编织左袖片。

4. 将两袖侧缝对应缝合。

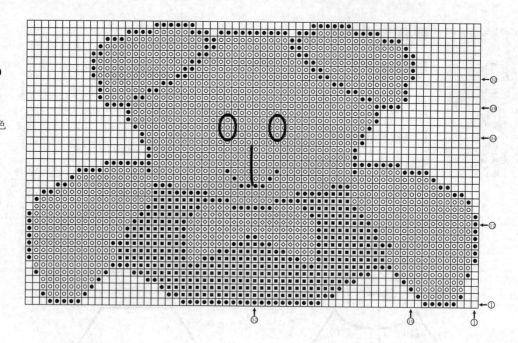

图案b

- ◎ 白色
- ● 黑色
- ■ 咖啡色
- ◉ 红色

领片

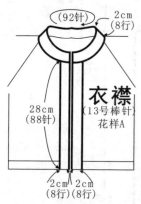

(92针)
2cm
(8行)

衣襟
(13号棒针)
花样A

28cm
(88针)

2cm 2cm
(8行) (8行)

符号说明：

- □　上针
- □=Ⅱ　下针
- 2-1-3　行-针-次

领片/衣襟制作说明

1.棒针编织法，先挑织衣襟片，完成后再挑织领片。
2.沿左右衣襟侧分别挑起88针织花样A，黑色线织6行后，改织2行红色线，收针断线。
3.沿领口挑起92针，织花样A，往返编织，黑色线织6行后，改织2行绿色线，收针断线。

花样A

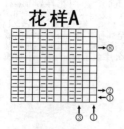

花样B

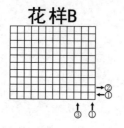

图案a

- ◎ 白色
- ● 黑色
- □ 黄色
- ■ 咖啡色

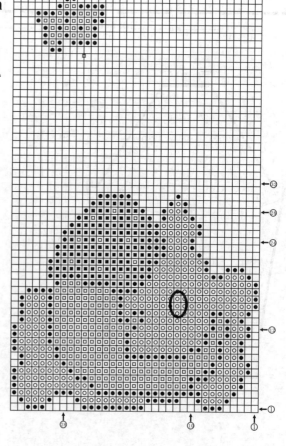

118

气质灰色披肩

【成品规格】胸围60cm，衣长32cm，袖长28cm

【工具】3.5mm棒针

【编织密度】10cm²＝20针×28行

【材料】淡灰色毛线400g

编织要点：

1.右前片：用3.5mm棒针起38针，从下往上织2cm花样B，右侧30针开始织花样A，8针仍织花样B，按图解开斜肩，织领b。左前片织法相同。

2.后片：用3.5mm棒针起60针，从下往上织花样B 2cm，然后织花样C，织13cm后开斜肩，按图解编织，最后平收26针。

3.衣袖起52针，斜肩减针等按图解编织。衣领按图解编织。

4.前后片、衣袖、衣领缝合。清洗，熨烫。

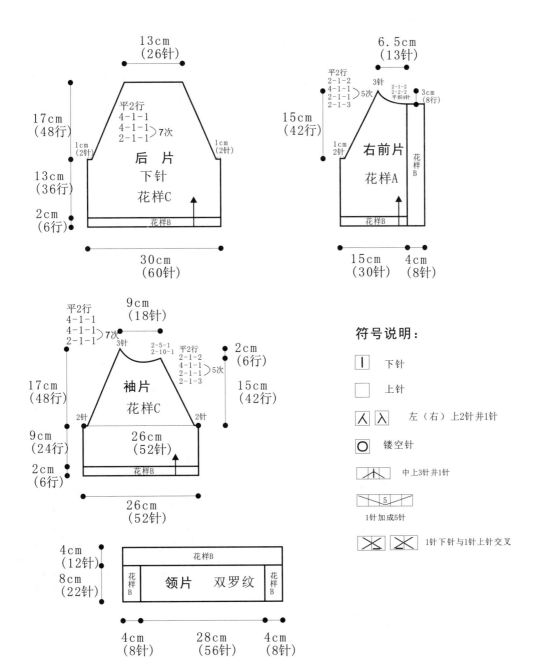

后片
下针
花样C

13cm（26针）

17cm（48行）

13cm（36行）

2cm（6行）

30cm（60针）

1cm（2针）

平2行
4-1-1
4-1-1
2-1-1 }7次

1cm（2针）

花样B

右前片
花样A

6.5cm（13针）

15cm（42行）

3针

平2行
2-1-2
4-1-1
2-1-1
2-1-3 }5次

2-1-2
2-2-2
平织4针

3cm（8行）

1cm（2针）

花样B

花样B

15cm（30针）

4cm（8针）

袖片
花样C

9cm（18针）

平2行
4-1-1
4-1-1
2-1-1 }7次

3针

2-5-1
2-10-1

平2行
2-1-2
4-1-1
2-1-1
2-1-3 }5次

2cm（6行）

17cm（48行）

15cm（42行）

2针

2针

26cm（52针）

9cm（24行）

2cm（6行）

花样B

26cm（52针）

领片 双罗纹

花样B

花样B

花样B

4cm（12针）

8cm（22针）

4cm（8针）

28cm（56针）

4cm（8针）

符号说明：

Ｉ	下针
	上针
人 入	左（右）上2针并1针
O	镂空针
中上3针并1针	中上3针并1针
1针加成5针	1针加成5针
☒ ☒	1针下针与1针上针交叉

■ =

花样A

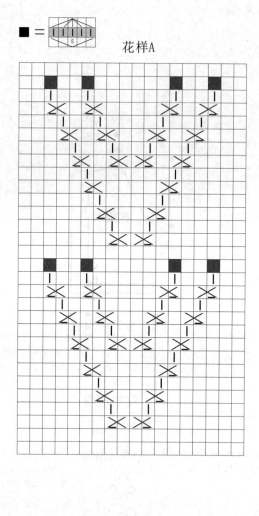

双罗纹

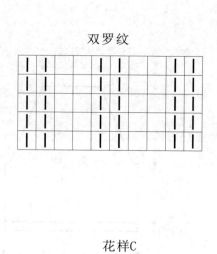

花样C

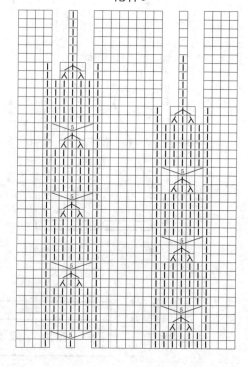

花样B

条纹配色毛裤

【成品规格】 裤长45cm，腰围44cm

【工具】 10号棒针

【编织密度】 10cm² =22针×30行

【材料】 绿色和红褐色毛线共200g
其他色线少许
松紧带若干

编织要点：

从裤腰往下织:用绿色起124针织双罗纹16行，穿上松紧带重合;下面织双色彩条，织32行绿色，6行红褐色。后片用引返编织后翘，并绣图案。织46行后在裆部加8针，另一边挑出。裤腿织6行红褐色6行绿色交替，织72行后织绿色桂花针6行，平收。

针。另外在后片绣上图案，钩一条带子做装饰，完成。

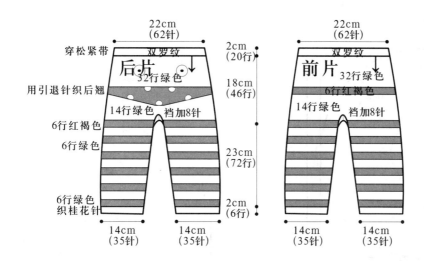

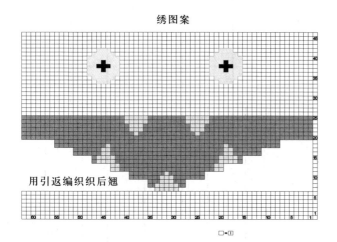

绣图案

用引返编织织后翘

□=□

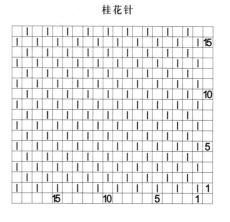

桂花针

□=－

彩虹短袖开衫

【成品规格】 胸围56cm，衣长33cm，袖长16cm

【工具】 2.75mm、3.0mm棒针

【编织密度】 10cm²=21针×22行

【材料】 段染毛线300g
纽扣1颗

编织要点：

1.此衣为领口往下编织，用3.0mm棒针起111针，两边各6针织花样B，中间99针织花样A，片织38行，针数变为188针，后片54针，左右前片各33针，左右袖各34针。

2.因要形成前后落差，后片54针先织2cm(4行)，然后两边各放出6针，为腋下针，66针与左右前片各36针连起来片织11cm下针，换2.75mm棒针织花样B4cm。

3.袖口挑44针用2.75mm棒针织花样B 3cm。领口挑120针织花样B 3cm。

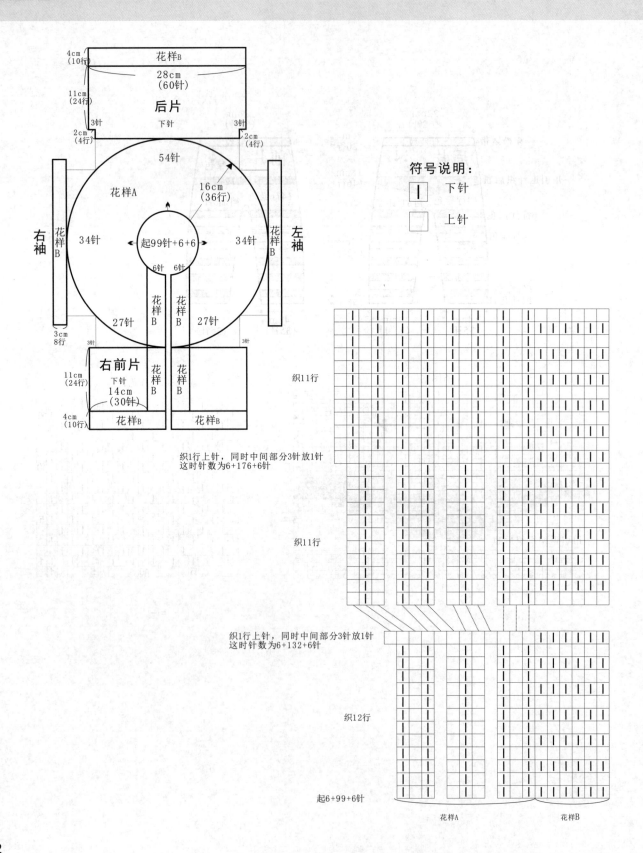

符号说明：

| 下针
□ 上针

4cm (10行) 花样B

28cm (60针)

11cm (24行) 后片

下针

3针   下针   3针

2cm (4行)   2cm (4行)

54针

花样A   16cm (36行)

右袖 花样B   34针   起99针+6+6   34针   花样B 左袖

6针 6针

花样B 花样B

27针   27针

3cm 8行

3针   3针

右前片 花样B 花样B

11cm (24针) 下针 14cm (30针)

4cm (10行) 花样B   花样B

织1行上针，同时中间部分3针放1针
这时针数为6+176+6针

织11行

织11行

织1行上针，同时中间部分3针放1针
这时针数为6+132+6针

织12行

起6+99+6针

花样A   花样B

格子小翻领毛衣

【成品规格】衣长38cm, 胸围60cm,
　　　　　　肩宽22cm, 袖长38cm

【工具】13号棒针

【编织密度】10cm² = 30.6针×47行

【材料】蓝色棉线250g
　　　　白色棉线200g
　　　　纽扣1颗

编织要点:
1. 棒针编织法, 衣身分为前片、后片来编织。
2. 起织后片, 单罗纹针起针法, 蓝色线起92针, 织花样A, 织18行后, 改为蓝色线与白色线一起编织花样B, 织至106行, 两侧袖窿减针, 方法为平收4针、2-1-8, 织至174行, 第175行将织片中间平收32针, 两侧减针织成后领, 方法为2-1-2, 织至178行, 两肩部各余下16针, 收针断线。
3. 起织前片, 单罗纹针起针法, 蓝色线起92针, 织花样A, 织18行后, 改为蓝色线与白色线一起编织花样B, 织至106行, 两侧袖窿减针, 方法为平收4针、2-1-8, 织至126行, 第127行将织片中间平收8针, 两侧不加减针继续往上编织, 织至151行, 两侧减针织成前领, 方法为2-1-14, 织至178行, 两肩部各余下16针, 收针断线。
4. 将前后片侧缝缝合, 两肩部对应缝合。

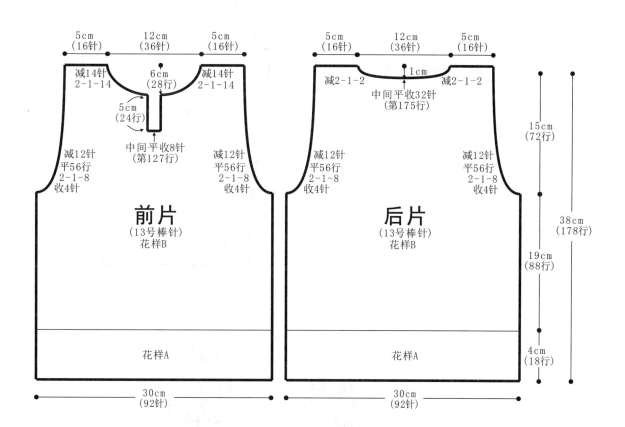

前片 (13号棒针) 花样B

后片 (13号棒针) 花样B

5cm (16针)　12cm (36针)　5cm (16针)

减14针 2-1-14　6cm (28行)　减14针 2-1-14

5cm (24行)

中间平收8针 (第127行)

减12针 平56行 2-1-8 收4针

花样A

30cm (92针)

减2-1-2　1cm　减2-1-2

中间平收32针 (第175行)

15cm (72行)

19cm (88行)

4cm (18行)

38cm (178行)

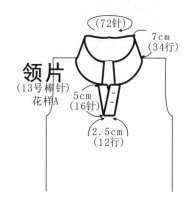

领片 (13号棒针) 花样A

(72针)

7cm (34行)

5cm (16针)

2.5cm (12行)

领片/衣襟制作说明

1. 棒针编织法, 先挑织衣襟片, 完成后再挑织领片。
2. 沿左右衣襟侧分别挑起16针织花样A, 织12行后, 收针断线。注意左侧要留起2个扣眼。
3. 沿领口挑起72针, 织花样A, 往返编织, 织34行后, 收针断线。

符号说明：

□　　　上针

□=□　　下针

☒　　　扭针

2-1-3　行-针-次

袖片制作说明

1.棒针编织法，编织两片袖片。从袖口往上编织。
2.单罗纹起针法，蓝色线起54针织花样A，织18行后，改为蓝色线与白色线一起编织花样B，两侧一边织一边按8-1-13的方法加针，织至122行，织片变成80针，两侧减针编织袖山，方法为平收4针、2-1-28，织至178行，织片余下16针，收针断线。
3.同样的方法再编织另一袖片。
4.缝合方法：将袖山对应前片与后片的袖窿线，用线缝合，再将两袖侧缝对应缝合。

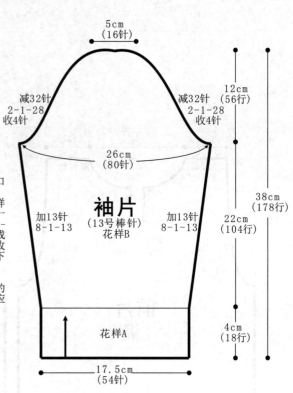

5cm
(16针)

12cm
(56行)

减32针
2-1-28
收4针

减32针
2-1-28
收4针

26cm
(80针)

38cm
(178行)

袖片
(13号棒针)
花样B

加13针
8-1-13

加13针
8-1-13

22cm
(104行)

花样A

4cm
(18行)

17.5cm
(54针)

花样A

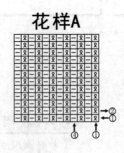

②
①

④　①

花样B

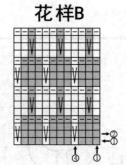

②
①

④　①

波浪边小披肩

【成品规格】衣长29cm，胸围52cm

【工　　具】10号棒针

【编织密度】10cm² =20针×36行

【材　　料】紫红色段染羊毛线350g

编织要点：

1. 披肩用棒针编织，从左往右编织。
2. 从左边起，先起2针，织花样A，在2针的两边同时加7针，每2行加1针共加7次，两边共加14针，此时针数为16针。
3. 把16针按单数针和双数针分2份，分别织8行单罗纹，然后单数针和双数针合并编织，形成双层。同时按每织1针加1针的方式加针，分2行加至58针，并改织花样B。
4. 不加不减针织至38行时，中间平收28针，下一行直加28针，形成袖口，继续织76行，同样方法开另一袖口。
5. 再织38行时，58针按每2针减1针的方式减针，分2行减至16针，然后按单数针和双数针分成2份，分别织8行单罗纹，然后单数针和双数针合并编织，并改织花样A。
6. 同时中间留2针，在2针的两边减针，每2行减1针减7次，至右边余2针，收针断线。编织完成。

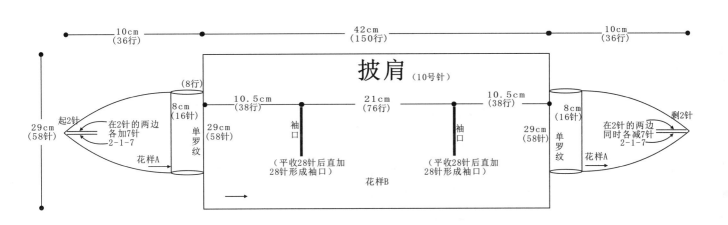

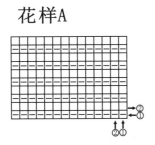

花样A

单罗纹

花样B

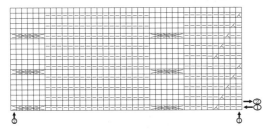

符号说明：

⊟　　上针

□=□　下针

☒　　左上2针并1针

　　左上3针交叉

2-1-3

行-针-次

↑编织方向

紫色短袖衫

【成品规格】 衣长40cm，胸围68cm，肩宽26cm

【工具】 2mm、2.5mm棒针 2.5mm钩针

【编织密度】 10cm² = 28针×40行

【材料】 紫色毛线150g
白色毛线50g
蓝色、黄色、红色、绿色线各5g

编织要点：

1.前片：用2.0mm棒针、紫色线起94针织单罗纹2cm，换2.5mm棒针往上织下针，织到22cm处织袖窿，织袖窿3cm后换白线编织，按图解操作。

2.后片：用2.0mm棒针、紫色线起94针，从下往上织2cm单罗纹，换2.5mm棒针编织，织法同前片，收领子按后片图解。

3.前后片缝合，挑领边和袖边按图解编织。用2.0mm钩针、紫色线按图解编织胸前系带。在前片胸部绣上绣图a。

4.整理熨烫。

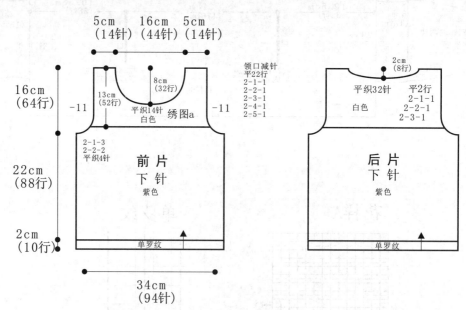

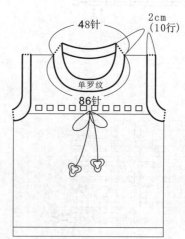

系带处花样

| I | I | O | ㅅ | I | I | O | ㅅ | I | O | ㅅ | I | O | ㅅ | I | I |

胸前系带

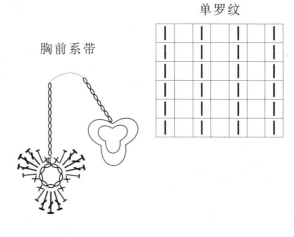

单罗纹

符号说明：

| I | 下针

□ 上针

ㅅ 左上2针并1针

O 镂空针

· 引拔针

O 辫子针

X 短针

Ŧ 长针

| I | 白色　| 蓝色　| I | 黄色　| 红色　| 绿色

绣图a

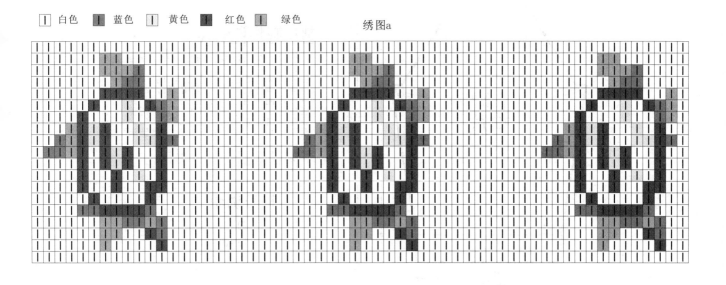

小飞机图案毛衣

【成品规格】 衣长33cm, 胸围56cm, 连肩袖长32cm

【工具】 13号棒针

【编织密度】 10cm² = 30针×38.5行

【材料】 红色棉线20g
黑色棉线200g
浅灰、深灰、橙色、咖啡色、粉红色棉线各少量

编织要点:
1.棒针编织法, 衣身片分为前片和后片分别编织, 完成后与袖片缝合而成。
2.起织后片, 黑色线起84针, 织花样A, 织14行, 改为红色线织花样B, 织至78行, 织片左右两侧各收4针, 然后减针织成斜肩, 方法为2-1-25, 织至128行, 织片余下26针, 用防解别针扣起, 留待编织衣领。
3.起织前片, 黑色线起84针, 织花样A, 织14行, 改为红色线织花样B, 织至38行, 中间58针改为浅灰色线编织, 两侧继续织红色线, 织至78行, 第79行织片左右两侧各收4针, 然后减针织成斜肩, 方法为2-1-25, 织至80行, 织片全部改为红色线编织, 织至114行, 第115行起, 织片中间留出10针不织, 两侧减针织成前领, 方法为2-1-7, 织至128行, 两侧各余下1针, 用防解别针扣起, 留待编织衣领。
4.将前片与后片的侧缝缝合。
5.前片衣摆绣图案a, 浅灰色织片内绣图案b。

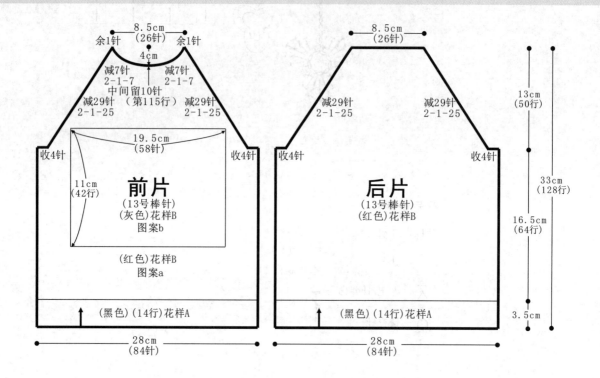

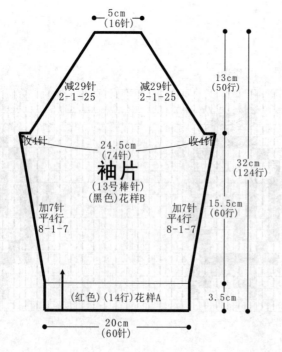

袖片制作说明

1.棒针编织法, 编织两片袖片。从袖口起织。
2.双罗纹起针法, 红色线起60针, 织花样A, 织14行后, 改织花样B, 一边织一边两侧加针, 方法为8-1-7, 织至74行, 两侧各收针4针, 接着两侧减针编织插肩袖山。方法为2-1-25, 织至124行, 织片余下16针, 收针断线。
3.同样的方法编织另一只袖片。
4.将两袖侧缝对应缝合。

符号说明:

□ 上针

□=□ 下针

2-1-3 行-针-次

128

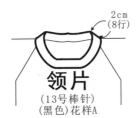

2cm
(8行)

领片

(13号棒针)
(黑色)花样A

领片制作说明

棒针编织法，黑色线编织，领片一片环形编织完成。沿前后领口挑起92针织花样A，织8行后，双罗纹针收针法收针断线。

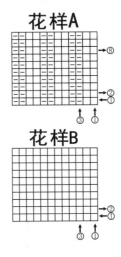

花样A

花样B

图案b

- ⊡ 深灰色
- ● 黑色
- ⊗ 白色
- ◆ 橙色
- ⊡ 粉色

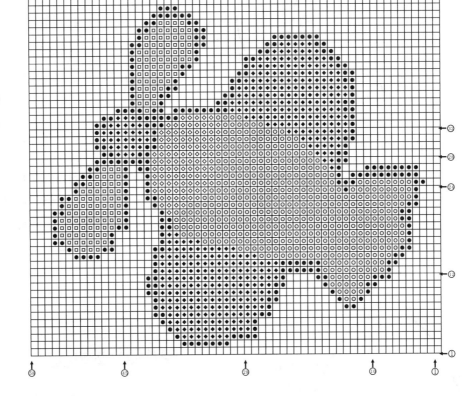

图案a

- ■ 咖啡色
- △ 深灰色

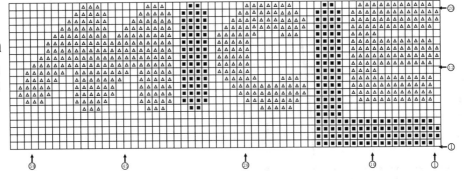

高领心形毛衣

【成品规格】 衣长35cm，胸围68cm，肩宽27cm，袖长32cm

【工具】 12号棒针

【编织密度】 10cm² = 28针×36行

【材料】 红色棉线350g
灰色棉线50g
黑色棉线少量

编织要点：

1. 棒针编织法，衣身分为前片、后片来编织。
2. 起织后片，单罗纹起针法，灰色线起96针，织花样A，织18行后，改为红色线织花样B，织至72行，两侧袖窿减针，方法为平收4针、2-1-6，织至122行，第123行将织片中间平收32针，两侧减针织成后领，方法为2-1-2，织至126行，两肩部各余下20针，收针断线。
3. 起织前片，单罗纹起针法，灰色线起96针，织花样A，织18行后，改为红色线织花样B，织至72行，两侧袖窿减针，方法为平收4针、2-1-6，织至116行，第117行将织片中间平收26针，两侧减针织成前领，方法为2-1-5，织至126行，两肩部各余下20针，收针断线。
4. 将前后片侧缝缝合，两肩部对应缝合。
5. 平针绣方式在前片衣摆绣图案a。

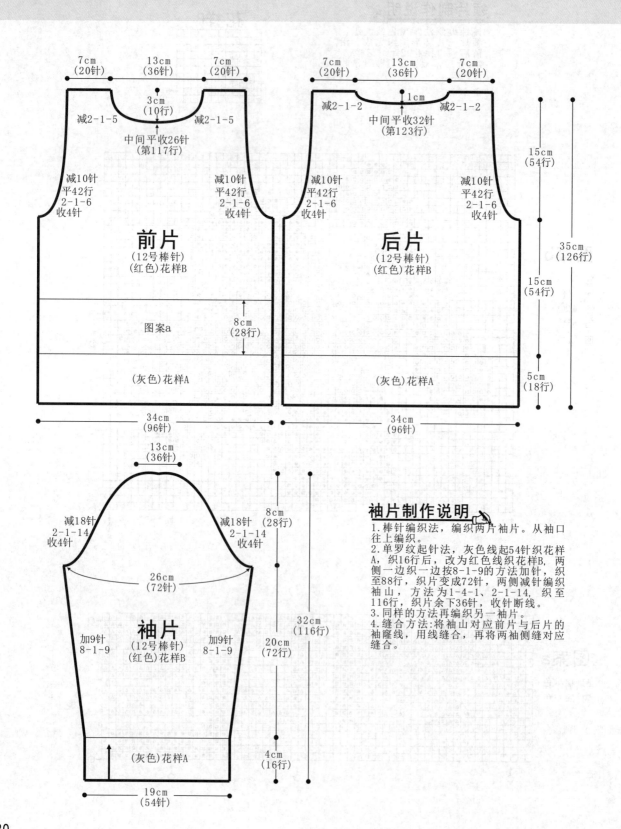

袖片制作说明

1. 棒针编织法，编织两片袖片。从袖口往上编织。
2. 单罗纹起针法，灰色线起54针织花样A，织16行后，改为红色线织花样B，两侧一边织一边按8-1-9的方法加针，织至88行，织片变成72针，两侧减针编织袖山，方法为1-4-1、2-1-14，织至116行，织片余下36针，收针断线。
3. 同样的方法再编织另一袖片。
4. 缝合方法：将袖山对应前片与后片的袖窿线，用线缝合，再将两袖侧缝对应缝合。

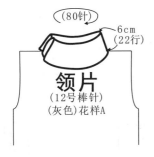

（80针）

6cm
（22行）

领片
(12号棒针)
(灰色)花样A

领片制作说明

1.棒针编织法，环形挑织领片。
2.沿领口灰色线挑起80针，织花样A，环形编织，织22行后，从左侧肩部处将织片分开，往返编织，织至44行，收针断线。

符号说明：

⊟　　　上针

□=① 下针

2-1-3 行-针-次

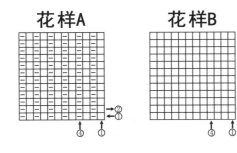

花样A　　　　花样B

图案a ⊡ 灰色 ⊙ 黑色

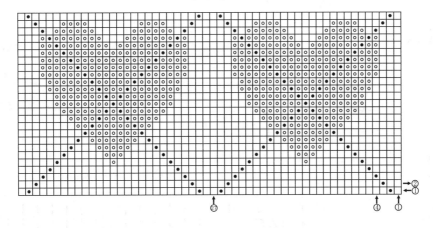

灰色无袖连衣裙

【成品规格】 衣长48cm，胸围54cm，肩宽23cm，下摆宽38cm

【工具】 2mm、2.5mm棒针 2.5mm钩针

【编织密度】 10cm² = 26针×38行

【材料】 灰色毛线300g
红、黄、蓝三色线少许

编织要点：

1. 前片：用2.5mm棒针、灰色线起100针织花样A 25cm，100针收为70针，换2.0mm棒针开始织双罗纹5cm，按图解排花样B编织，织到3cm后织袖隆。按图解收袖隆、收领子。

2. 后片：用2.5mm棒针、灰色线起100针，从下往上织25cm花样A，织法同前片，收领子按后片图解。

3. 前后片缝合后按图解挑领子、挑袖边，用2.0mm棒针编织双罗纹2cm。

4. 按3针圆绳图解织一定长度，系在腰部双罗纹处，用红、黄、蓝三色线钩10个小圆球钉在衣摆。

5. 整理熨烫。

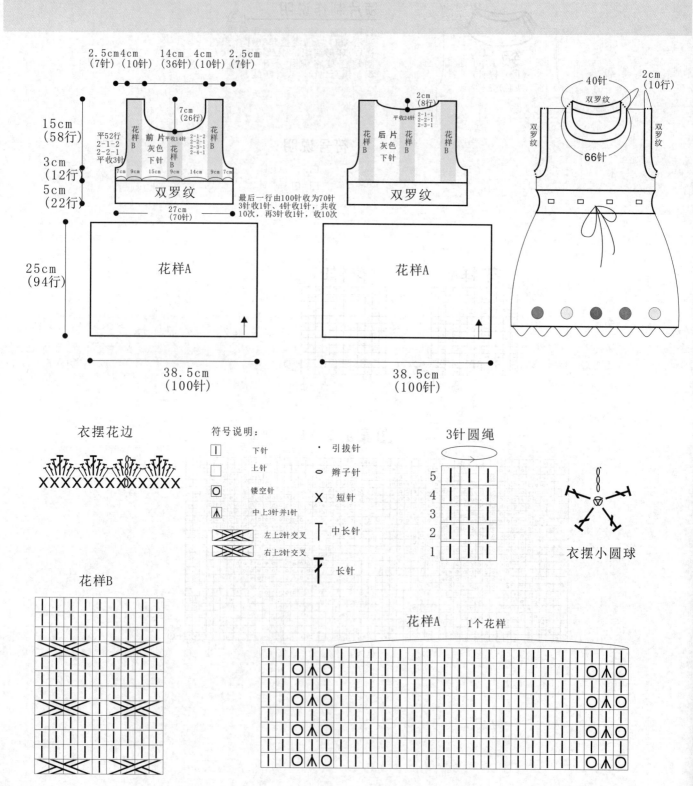

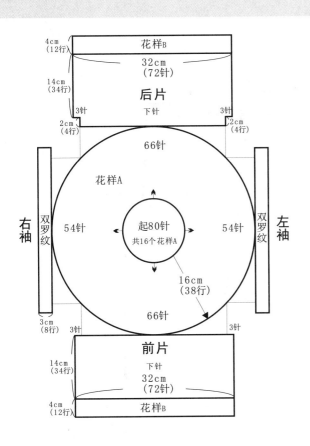

紫色圆领短袖衫

【成品规格】 胸围64cm，衣长36cm，袖长16cm

【工具】 2.75mm、3.0mm棒针

【编织密度】 10cm² ＝22.5针×24行

【材料】 粉紫色毛线300g

编织要点：

1.此衣为领口往下编织，用3.0mm棒针起80针，织16个花样A，织38行，针数为240针，前后片各66针，左右袖各54针。

2.因要形成前后落差，后片66针先织2cm（4行），然后前后片两边各放出3针，为腋下针，前后片连起来圈织14cm下针，换2.75mm棒针织花样B 4cm。

3.袖口挑64针用2.75mm棒针织双罗纹3cm。领口挑80针织双罗纹3cm。

4.清洗，熨烫。

花样B

32cm（72针）

后片

下针

4cm（12行）

14cm（34行）

3针

2cm（4行）

66针

花样A

右袖 · 双罗纹

54针

起80针
共16个花样A

54针

双罗纹 · 左袖

3cm（8行）

16cm（38行）

66针

3针

3针

前片

下针

32cm（72针）

14cm（34行）

4cm（12行）

花样B

双罗纹

花样B

符号说明：

| | 下针

□ 上针

／＼ ＼／ 左上(右上)2针并1针

○ 镂空针

✕ 2针的交叉针

花样A

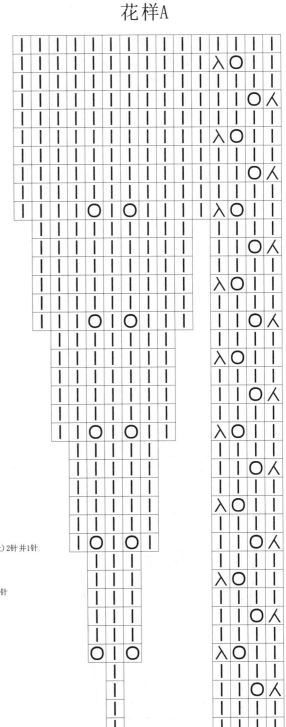

米字高领毛衣

【成品规格】 衣长39cm，胸围56cm，肩宽22cm，袖长29cm

【工具】 13号棒针

【编织密度】 10cm² =31.5针×40行

【材料】 灰色棉线250g
蓝色棉线200g
红色棉线20g

编织要点：
1.棒针编织法，衣身分为前片、后片来编织。
2.起织后片，单罗纹针起针法，蓝色线起88针，织花样A，织20行后，改织花样B，织至100行，两侧袖窿减针，方法为平收4针、2-1-6，织至152行，第153行将织片中间平收28针，两侧减针织成后领，方法为2-1-2，织至156行，两肩部各余下18针，收针断线。
3.起织前片，单罗纹起针法，蓝色线起88针，织花样A，织20行后，改为灰色线织花样B，织至100行，两侧袖窿减针，方法为平收4针、2-1-6，织至140行，第141行将织片中间平收16针，两侧减针织成前领，方法为2-2-1、2-1-6，织至156行，两肩部各余下18针，收针断线。
4.将两侧缝缝合，两肩部对应缝合。
5.前片绣图案a、b、c。

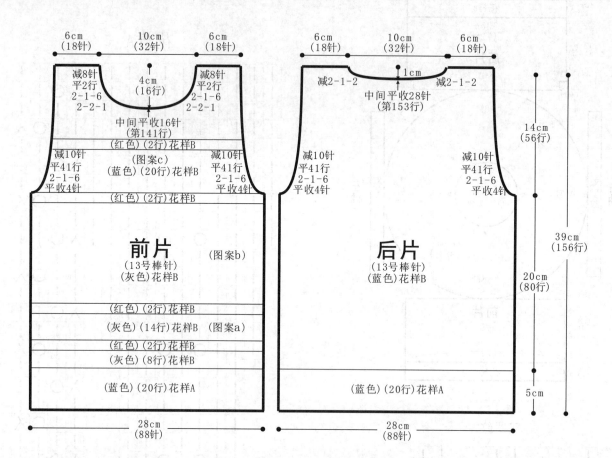

前片
(13号棒针)
(灰色)花样B
(图案b)

减8针
平2行
2-1-6
2-2-1

4cm
(16行)

中间平收16针
(第141行)

(红色)(2行)花样B

减10针
平41行
2-1-6
平收4针

(图案c)
(蓝色)(20行)花样B

(红色)(2行)花样B

(红色)(2行)花样B
(灰色)(14行)花样B　(图案a)
(红色)(2行)花样B
(灰色)(8行)花样B
(蓝色)(20行)花样A

6cm
(18针)　10cm
(32针)　6cm
(18针)

28cm
(88针)

后片
(13号棒针)
(蓝色)花样B

减2-1-2　1cm　减2-1-2

中间平收28针
(第153行)

减10针
平41行
2-1-6
平收4针

(蓝色)(20行)花样A

6cm
(18针)　10cm
(32针)　6cm
(18针)

28cm
(88针)

14cm
(56行)

39cm
(156行)

20cm
(80行)

5cm

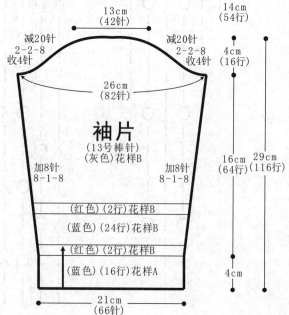

袖片
(13号棒针)
(灰色)花样B

13cm
(42针)　14cm
(54行)

减20针
2-2-8
收4针

减20针
2-2-8
收4针

26cm
(82针)

加8针
8-1-8

加8针
8-1-8

(红色)(2行)花样B
(蓝色)(24行)花样B
(红色)(2行)花样B
(蓝色)(16行)花样A

21cm
(66针)

4cm
(16行)

16cm
(64行)　29cm
(116行)

4cm

袖片制作说明

1.棒针编织法，编织两片袖片。从袖口往上编织。
2.单罗纹起针法，蓝色线起66针织花样A，织16行后，改为红色线织花样B，两侧一边织一边按8-1-8的方法加针，织至18行，改为蓝色线编织，织至42行，改为红色线编织，织至44行，改为灰色线编织，织至80行，织片变成82针，两侧减针编织袖山，方法为平收4针、2-2-8，织至116行，织片余下42针，收针断线。
3.同样的方法再编织另一袖片。
4.缝合方法：将袖山对应前片与后片的袖窿线，用线缝合，再将两袖侧缝对应缝合。

10cm
(40行)

领片
(13号棒针)
花样A

领片制作说明

1.棒针编织法，蓝色线编织，领片环形编织完。
2.沿前后领口挑起72针织花样A，织40行后，单罗纹针收针法收针断线。

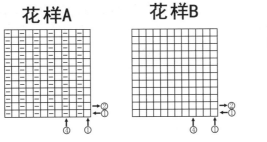

花样A　花样B

符号说明：

□　上针

□=□　下针

2-1-3　行-针-次

图案c

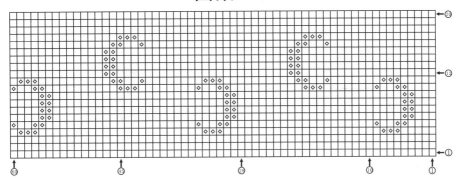

图案b

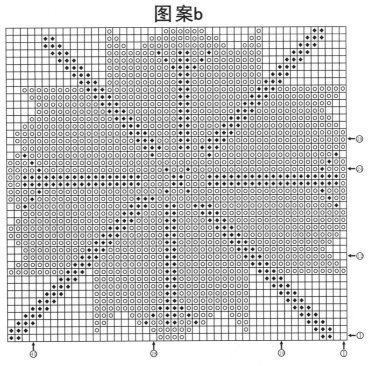

◙　蓝色(平针绣)

◙　蓝色(十字绣)

◻　灰色(十字绣)

◆　红色(十字绣)

图案a

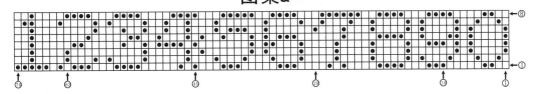

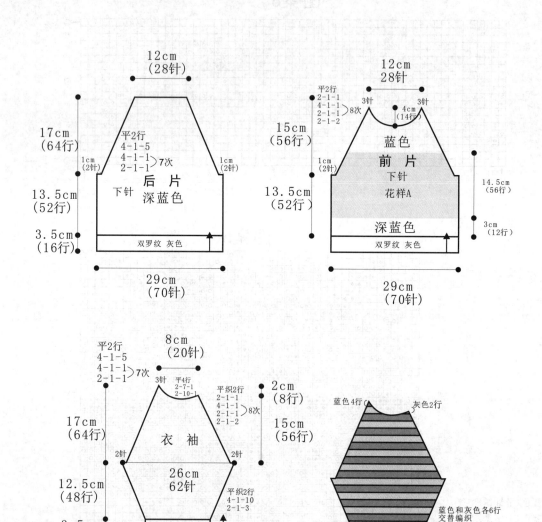

小孩图案毛衣

【成品规格】 胸围58cm，衣长34cm，袖长33cm

【工具】 2.5mm、3.0mm棒针

【编织密度】 10cm²＝24针×38行

【材料】 灰毛线150g
深蓝色毛线250g
配色线少许

编织要点：

1. 前片：用2.5mm棒针、灰色线起70针，从下往上织双罗纹3.5cm，换3.0mm棒针深蓝色线织下针，织12行后织花样A，按图解编织。
2. 后片：起针同前片，全用蓝色线编织，按图解编织。
3. 衣袖起36针，插肩减针等按图解编织。
4. 前后片、衣袖缝合后，用灰色线、2.5mm棒针挑领边，织双罗纹。
5. 清洗，熨烫。

后片

12cm（28针）

17cm（64行）

平2行
4-1-5
4-1-1
2-1-1 ⎤7次

1cm（2针）

1cm（2针）

后 片
下针 深蓝色

13.5cm（52行）

3.5cm（16行）

双罗纹 灰色

29cm（70针）

前片

12cm 28针

平2行
2-1-1
4-1-1
2-1-1 ⎤8次

3针

3针

4cm（14行）

15cm（56行）

蓝色

1cm（2针）

前 片
下针
花样A

深蓝色

14.5cm（56行）

13.5cm（52行）

3cm（12行）

双罗纹 灰色

29cm（70针）

衣袖

平2行
4-1-5
4-1-1
2-1-1 ⎤7次

8cm（20针）

3针

平4行
2-7-1
2-10-1

平织2行
2-1-1
4-1-1
2-1-1
2-1-2 ⎤8次

2cm（8行）

15cm（56行）

17cm（64行）

衣 袖

26cm
62针

2针

2针

平织2行
4-1-10
2-1-3

12.5cm（48行）

3.5cm（16行）

双罗纹 灰色

15cm（36针）

蓝色4行

灰色2行

蓝色和灰色各6行交替编织

双罗纹 灰色

符号说明：

| 下针

□ 上针

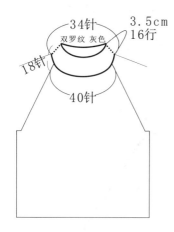

34针
双罗纹 灰色
3.5cm
16行
18针
40针

双罗纹

花样A

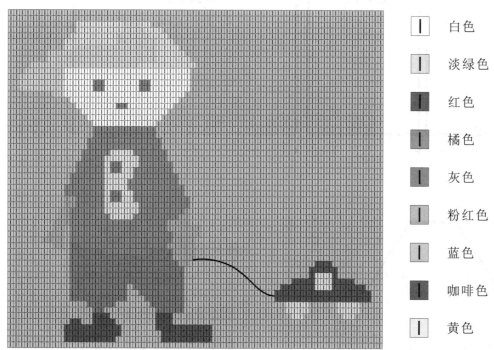

	白色
	淡绿色
	红色
	橘色
	灰色
	粉红色
	蓝色
	咖啡色
	黄色

红色小开衫

【成品规格】 衣长33cm，胸围60cm，
连肩袖长30cm

【工具】 13号棒针

【编织密度】 10cm² =30.6针×41.3行

【材料】 红色棉线150g
灰色棉线200g
白色棉线30g
黄色、黑色棉线各少量
纽扣6颗

编织要点：

1.棒针编织法，衣身片分为前片和后片分别编织，完成后与袖片缝合而成。
2.起织后片，灰色线起92针，织花样A，织2行后，改为红色线编织，织至12行，改织花样B，织至80行，第81行织片左右两侧各收4针，然后减针织成斜肩，方法为2-1-28，织至136行，织片余下28针，用防解别针扣起，留待编织衣领。
3.起织右前片，灰色线起43针，织花样A，织2行后，改为红色线编织，织至12行，改4行灰色与4行红色交替编织花样B，织至80行，第81行织片右侧收4针，然后减针织成斜肩，方法为2-1-28，织至121行，织片左侧减针织成前领，方法为1-2-1，2-1-8，织至136行，织片余下1针，用防解别针扣起，留待编织衣领。
4.同样的方法相反方向编织左前片，完成后将左右前片与后片的侧缝缝合。
5.左前片衣摆绣图案a。

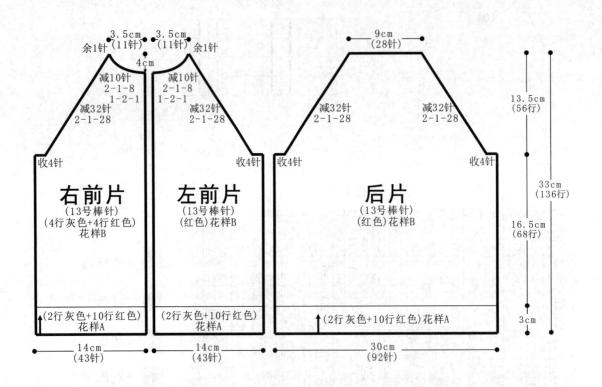

右前片
（13号棒针）
（4行灰色+4行红色）
花样B

左前片
（13号棒针）
（红色）花样B

后片
（13号棒针）
（红色）花样B

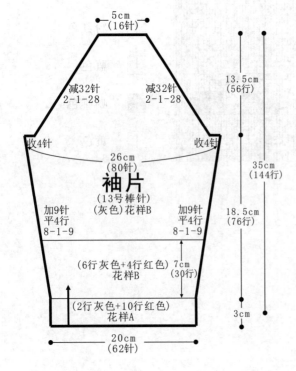

袖片
（13号棒针）
（灰色）花样B

袖片制作说明

1.棒针编织法，编织两片袖片。从袖口起织。
2.单罗纹起针法，灰色线起62针，织花样A，织2行后，改为红色线编织，织12行后，改为6行灰色线与4行红色线交替编织花样B，一边织一边两侧加针，方法为8-1-9，织至42行，全部改为灰色线编织，织至88行，两侧各收针4针，接着两侧减针编织插肩袖山。方法为2-1-28，织至144行，织片余下16针，收针断线。
3.同样的方法编织另一袖片。
4.将两袖侧缝对应缝合。

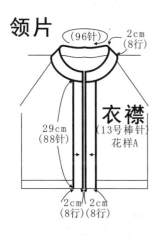

领片

（96针）　2cm
　　　　　（8行）

衣襟
（13号棒针）
花样A

29cm
（88针）

2cm　2cm
（8行）（8行）

符号说明：

⊟　　上针

□=⊡　下针

2-1-3　行-针-次

领片/衣襟制作说明

1. 棒针编织法，先挑织衣襟，
完成后再挑织领片。
2. 沿左右衣襟侧分别挑起88针
织花样A，红色线织6行后，改
织2行灰色线，收针断线。
3. 沿领口挑起96针，织花样A，
往返编织，红色线织6行后，改
织2行灰色线，收针断线。

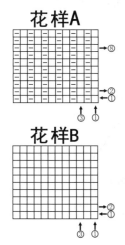

花样A

花样B

图案a

☑　白色
■　黑色
⊡　黄色

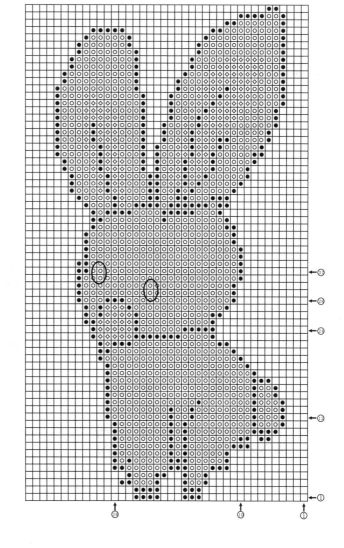

宽松两色毛衣

【成品规格】 衣长46cm，胸围60cm，肩宽24cm，袖长36cm，衣摆宽42cm

【工具】 2.5mm、3.0mm棒针 2.5mm钩针

【编织密度】 10cm² =25针×32行

【材料】 灰色、黑色毛线各250g

编织要点：

1. 前片：用2.5mm棒针黑色线起104针，织花样A，换3.0mm棒针、灰色线往上织下针25.5cm，按图解收针，换黑色线织上半部分，按图解织袖窿和领口。

2. 后片：后片织法同前片，后领按后片图解编织。

3. 袖片：用2.5mm棒针起32针，织双罗纹4cm，按图解加针、收袖山。

4. 前后片、袖片缝合，领子按图解直接在领部用钩针编织花样。

5. 钩3朵小花，黑色2朵、灰色1朵，叶子和茎按图解编织。按图缝合在衣片上。

6. 清洗整理。

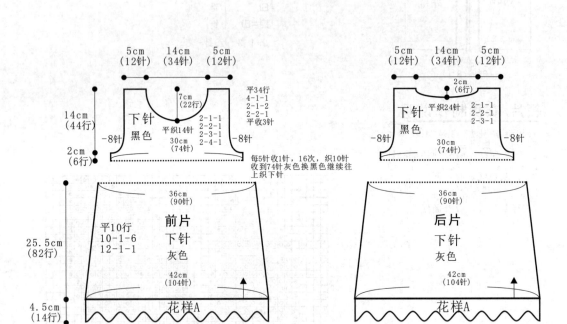

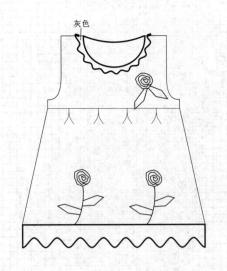

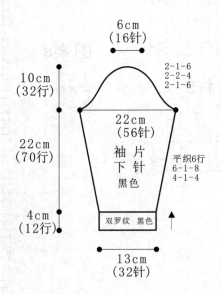

小花

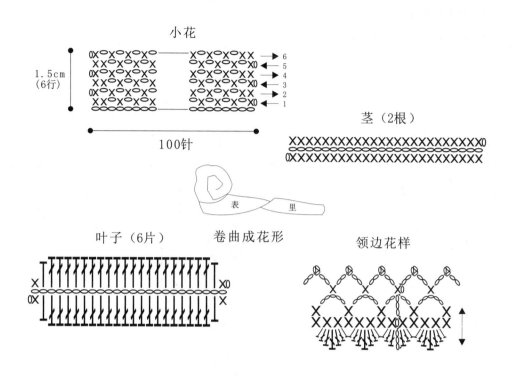

1.5cm
(6行)

100针

茎（2根）

叶子（6片）　卷曲成花形　领边花样

表　里

符号说明：

| | 下针　　　　　·　引拔针
| | 上针　　　　　○　辫子针
| | 右上2针并1针　X　短针
| | 镂空针　　　　丅　中长针
| | 1针加成2针　　　长针

双罗纹

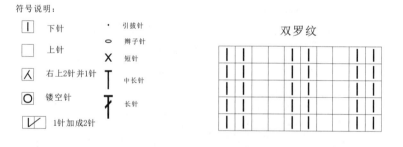

花样A

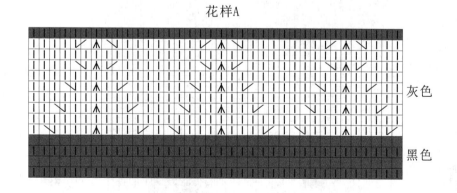

灰色

黑色

141

菱形花样背心

【成品规格】 衣长32cm，胸围58cm

【工具】 2.0mm、2.5mm棒针

【编织密度】 10cm² = 28针×40行

【材料】
白色毛线200g
蓝色毛线100g
黑色线少许

编织要点:

1. 前后片：用2.0mm棒针、蓝色线起81针织双罗纹3cm，换2.5mm棒针按花样A蓝白两色换线编织，织到15cm处织袖隆，继续往上按图解收领口。后片按前片图解收领口。
2. 前后衣片缝合后，用2.0mm棒针挑袖边和领边，织双罗纹，按图解编织。
3. 中间菱形块按图解位置用黑色线绣上两条斜线。
4. 整理熨烫。

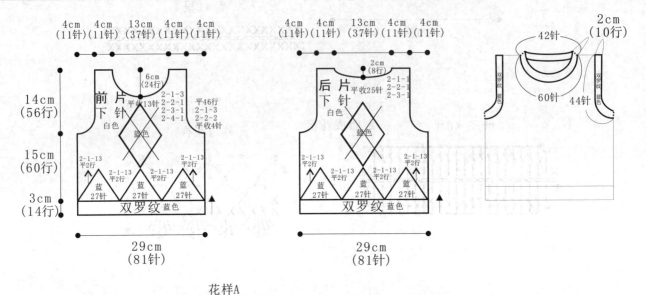

花样A

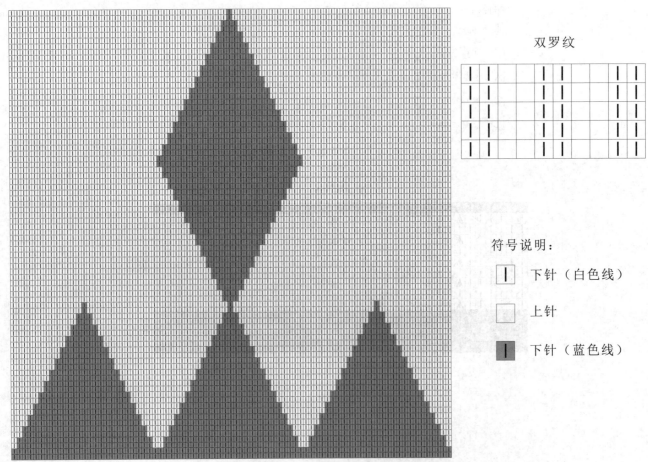

双罗纹

符号说明：

| | 下针（白色线）

☐ 上针

| 下针（蓝色线）

142

格子图案毛衣

【成品规格】 衣长39cm，胸围66cm，
肩宽26cm，袖长37.5cm

【工具】 2mm、2.5mm棒针

【编织密度】 10cm² = 26针×40行

【材料】 咖啡色毛线250g
灰色毛线100g
白色毛线80g

编织要点：

1. 前片：用2.0mm棒针、咖啡色线起86针织双罗纹4cm，换2.5mm棒针，按图解换线编织，织到20cm处按图解收袖窿、收领口。

2. 后片：用2.0mm棒针、咖啡色线起86针，从下往上织4cm双罗纹，换2.5mm织下针，收领口按后片图解。

3. 袖片：用2.0mm棒针、咖啡色线起36针，织双罗纹4cm，换按图解编织。

4. 前后片、袖片缝合后按图解挑领子，用2.0mm棒针、咖啡色线编织双罗纹2cm。

5. 整理熨烫。

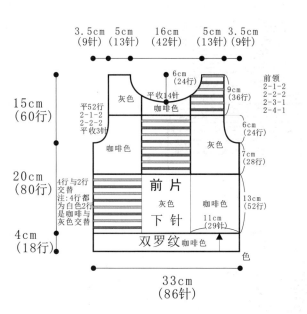

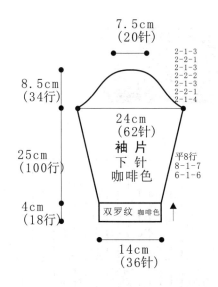

双罗纹

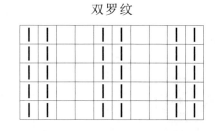

符号说明：

| | 下针

□ 上针

桃心纽扣开衫

【成品规格】 衣长33cm，胸围60cm，肩宽23cm，袖长25cm

【工具】 2mm、2.5mm棒针

【编织密度】 10cm² =26针×40行

【材料】 茄紫色、白色毛线各160g 绣线少许 纽扣6颗

编织要点：

1. 右前片：用2.0mm棒针、茄紫色线起39针织单罗纹4cm，换2.5mm棒针，按图解换线编织，织到12cm处全是白色线编织下针，编织2cm后织袖窿，织7.5cm后，按图解换线编织，按图解收领口。

2. 左前片：起头与右前片一样，织完单罗纹，白色线织12cm下针，换线编织，按图解编织。

3. 后片：用2.0mm棒针、茄紫色线起78针，从下往上织4cm单罗纹，换2.5mm棒针按图解换线编织。

4. 袖片：用2.0mm棒针起32针，织4cm单罗纹，换针换线按图解编织。袖山处按图解换线编织。

5. 前后片、袖片缝合后按图解挑领子，挑门襟，用2.0mm棒针编织单罗纹2cm。按图解钉上纽扣。两块白线处按图案a和图案b分别绣上图案。

6. 整理熨烫。

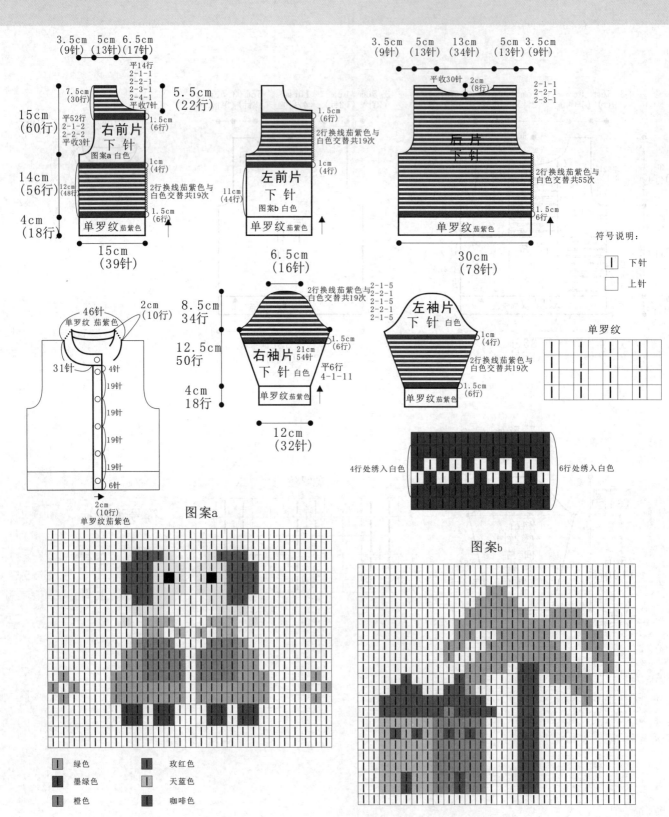

绿色
墨绿色
橙色
玫红色
天蓝色
咖啡色

鹅黄色小外套

【成品规格】 衣长32cm，胸围66cm
肩宽21.5cm，袖长25cm

【工具】 13号棒针

【编织密度】 10cm²=30针×38行

【材料】 黄色棉线350g
白色棉线80g
红色、黑色棉线少量
纽扣3颗

编织要点：
1. 棒针编织法，袖窿以下一片编织，袖窿起分为左前片、右前片、后片来编织。
2. 起织，下针起针法，黄色线起190针，织花样A，织6行后，改织花样B，织至68行，将织片分成左前片、右前片和后片分别编织，左右前片各取46针，后片取98针，先织后片。
3. 分配后片的针数到棒针上，织花样B，起织时两侧减针织成袖窿，方法为平收4针、2-1-5，织至84行，第85行起改为白色线编织，将织片分散减针，共减掉16针，织片变成64针，不加减针往上织至118行，第119行中间平收24针，两侧减针，方法为2-1-2，织至122行，两侧肩部各余下18针，收针断线。
4. 分配左前片的针数到棒针上，织花样B，起织时左侧减针织成袖窿，方法为平收4针、2-1-5，织至84行，第85行起改为白色线编织，将织片分散减针，共减掉8针，织片变成29针，不加减针往上织至102行，第103行起右侧减针织成前领，方法为1-5-1、2-1-6，织至122行，肩部余下18针，收针断线。
5. 同样的方法编织右前片，完成后将两肩部对应缝合。
6. 右前片衣摆处十字绣方式绣图案a。

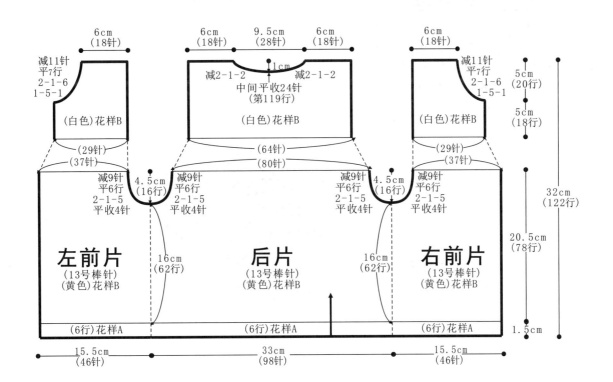

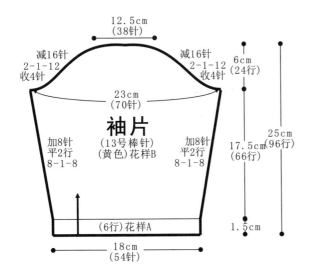

袖片制作说明

1. 棒针编织法，从袖口往上编织。
2. 起织，下针起针法，起54针，织花样A，织6行后，改织花样B，一边织一边两侧加针，方法为8-1-8，织至72行，第73行两侧各平收4针，然后按2-1-12的方法减针编织袖山，织至96行，收针断线。
3. 同样的方法编织另一袖片。
4. 将袖山对应袖窿线缝合，再将袖底缝合。
5. 袖口位置十字绣方式绣图案b。

145

领片

(68针) 8cm
(30行)

(2行)
花样C

(28行)
花样A

衣襟
(13号棒针)

27cm
(82针)

2cm 2cm
(6行)(6行)

领片/衣襟制作说明

1.棒针编织法，先挑织衣襟片，完成后再挑织领片。

2.沿左右衣襟侧分别挑起82针织花样A，织4行后，改织花样C，共织6行后，单罗纹针收针法，收针断线。

3.沿领口挑起68针，织花样A，往返编织，织28行后，第29行沿领片两侧各挑起20针，共108针编织，织至30行，单罗纹针收针法，收针断线。

符号说明：

⊟　　上针

□=⊡　　下针

2-1-3　行-针-次

图案a

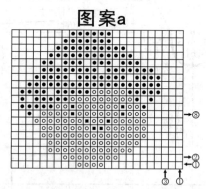

⊡ 白色
◉ 红色
▣ 黑色

图案b

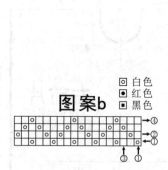

花样A　　花样B

花样C

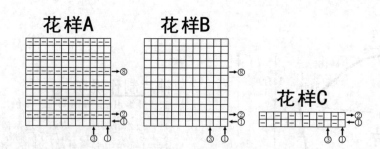

老鼠图案毛衣

【成品规格】 胸围58cm，衣长32cm，袖长33cm

【工具】 2.5mm、3.0mm棒针

【编织密度】 10cm² =24针×35行

【材料】 黄色毛线200g
花灰色毛线100g
黑色毛线50g

编织要点：

1．前片：用2.5mm棒针、花灰色线起70针，从下往上织单罗纹3.5cm，换3.0mm棒针织下针，按图解编织花样A。

2．后片：起针同前片，用黄色线编织下针。

3．衣袖用花灰色线起36针，挂肩减针等按图解编织。

4．前后片、衣袖缝合后，用花灰色线、2.5mm棒针挑领边，织单罗纹3.5cm。

5．清洗，熨烫。

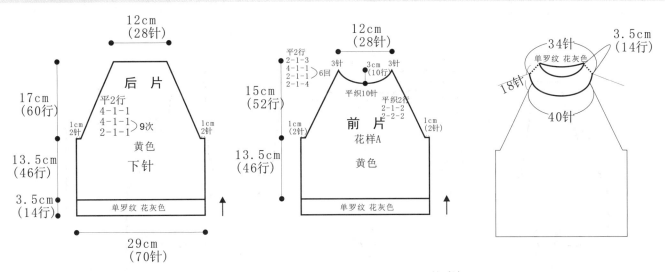

后片

12cm（28针）

17cm（60行）

平2行
4-1-1
4-1-1 ⟩9次
2-1-1

1cm 2针   1cm 2针

黄色

下针

13.5cm（46行）

3.5cm（14行）

单罗纹 花灰色

29cm（70针）

前片

12cm（28针）

15cm（52行）

平2行
2-1-3
4-1-1
2-1-1 ⟩6回
2-1-4

3针   3cm（10行）   3针

平织10行

平织2行
2-1-2
2-2-2

1cm（2针）   1cm（2针）

花样A

黄色

13.5cm（46行）

单罗纹 花灰色

34针   3.5cm（14行）

单罗纹 花灰色

18针

40针

8cm（20针）

平2行
2-7-1
2-10-1

3针   平4行

17cm（60行）

平2行
4-1-1
4-1-1 ⟩9次
2-1-1

2针   2针

平2行
2-1-3
4-1-1
2-1-1 ⟩6次
2-1-4

2cm（8行）

15cm（52行）

袖片

花灰色

26cm（62针）

平2行
4-1-8
2-1-5

12.5cm（44行）

12.5cm（44行）

3.5cm（14行）

单罗纹 花灰色

15cm（36针）

花样A

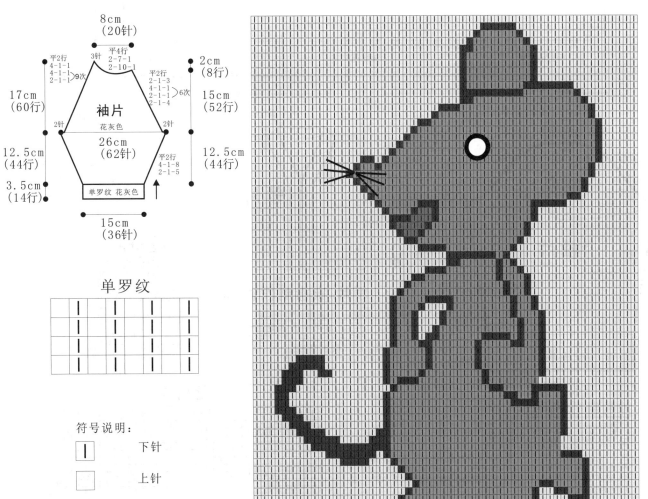

	黄色
	红色
	灰色
	黑色

单罗纹

符号说明：

	下针
	上针

黄白波浪纹开衫

【成品规格】 衣长26cm，胸围56cm
肩宽22.5cm，袖长18.5cm

【工具】 13号棒针

【编织密度】 10cm² =34针×54行

【材料】 黄色棉线400g
白色棉线30g
纽扣4颗

编织要点：

1. 棒针编织法，袖窿以下一片编织，袖窿起分为左前片、右前片、后片来编织。
2. 起织，单罗纹针起针法，黄色线起180针，织花样A，每4行黄色与2行白色间隔编织，织16行后，改织花样B，织至76行，将织片分成左前片、右前片和后片分别编织，左右前片各取42针，后片取96针，先织后片。
3. 分配后片的针数到棒针上，织花样B，起织时两侧减针织袖窿，方法为平收4针、2-1-5，织至137行，中间平收38针，两侧减针，方法为2-1-2，织至140行，两侧肩部各余下18针，收针断线。
4. 分配左前片的针数到棒针上，织花样B，起织时左侧减针织成袖窿，方法为平收4针、2-1-5，同时右侧减针织成衣领，方法为2-1-8、4-1-7，织至140行，肩部余下18针，收针断线。
5. 同样的方法编织右前片，完成后将两肩部对应缝合。

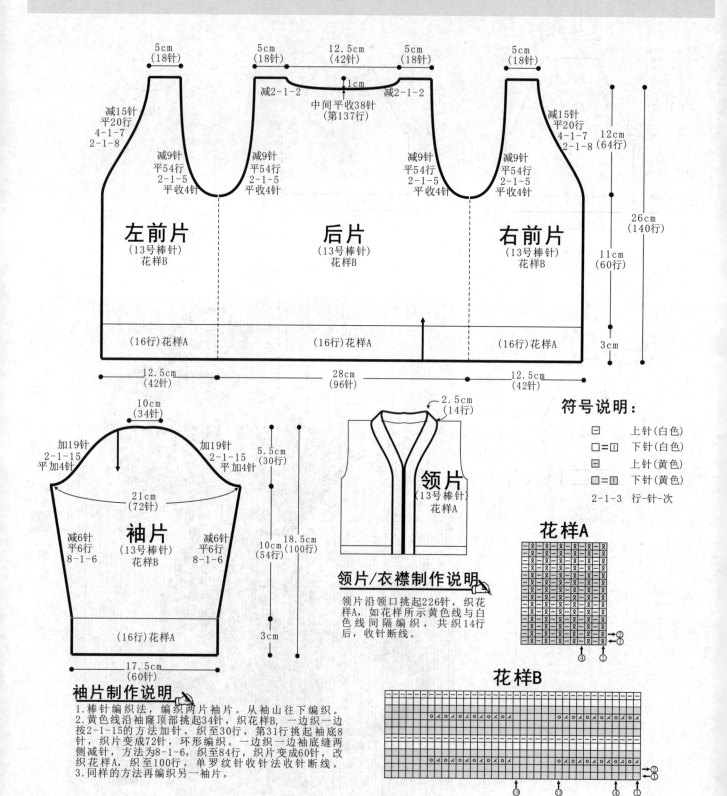

左前片
（13号棒针）
花样B

后片
（13号棒针）
花样B

右前片
（13号棒针）
花样B

5cm
（18针）

5cm
（18针）

12.5cm
（42针）

5cm
（18针）

5cm
（18针）

减15针
平20行
4-1-7
2-1-8

减9针
平54行
2-1-5
平收4针

减2-1-2
中间平收38针
（第137行）
1cm

减2-1-2

减9针
平54行
2-1-5
平收4针

减9针
平54行
2-1-5
平收4针

减15针
平20行
4-1-7
2-1-8

减9针
平54行
2-1-5
平收4针

12cm
（64行）

26cm
（140行）

11cm
（60行）

3cm

（16行）花样A （16行）花样A （16行）花样A

12.5cm
（42针）

28cm
（96针）

12.5cm
（42针）

袖片
（13号棒针）
花样B

10cm
（34针）

加19针
2-1-15
平加4针

加19针
2-1-15
平加4针

21cm
（72针）

减6针
平6行
8-1-6

减6针
平6行
8-1-6

5.5cm
（30行）

10cm
（54行）

18.5cm
（100行）

3cm

（16行）花样A

17.5cm
（60针）

袖片制作说明

1. 棒针编织法，编织两片袖片。从袖山往下编织。
2. 黄色线沿袖窿顶部挑起34针，织花样B，一边织一边按2-1-15的方法加针，织至30行，第31行挑起袖底8针，织片变成72针，环形编织。一边织一边沿袖底缝两侧减针，方法为8-1-6，织至84行，织片变成60针，改织花样A，织至100行，单罗纹针收针法收针断线。
3. 同样的方法再编织另一袖片。

领片
（13号棒针）
花样A

2.5cm
（14行）

领片/衣襟制作说明

领片沿领口挑起226针，织花样A，如花样所示黄色线与白色线间隔编织，共织14行后，收针断线。

符号说明：

⊟	上针（白色）
□=⊡	下针（白色）
⊟	上针（黄色）
⊠=⊡	下针（黄色）
2-1-3	行-针-次

花样A

花样B

爱心小兔背心

【成品规格】衣长31cm，胸围60cm

【工　　具】10号棒针

【编织密度】10cm²＝27针×42行

【材　　料】粉红色羊毛线200g
　　　　　　黑色等羊毛线各少许
　　　　　　红色夹毛绒线少许

编织要点：

1.毛衣用棒针编织，分一片前片、一片后片，从下往上编织。

2.先编织前片。

（1）先用黑色线，下针起针法，起82针，编织8行花样A后，改用粉红色线织全下针，侧缝不用加减针，同时编入图案，织64行至袖窿。

（2）袖窿以上的编织。两边袖窿减针，方法是：每1行减5针减1次，每2行减2针减3次，各减11针，余下针数不加不减织51行。

（3）从袖窿算起织至24行时，开始开领口，先平收12针，然后两边减针，方法是：每2行减2针减4次，每2行减1针减6次，共减14针，不加不减织14行至肩部余10针。

3.编织后片。

（1）先用黑色线，下针起针法，起82针，编织8行花样A后，改用粉红色线织全下针，侧缝不用加减针，织64行至袖窿。然后袖窿开始减针，方法与前片袖窿一样。

（2）织至袖窿算起50行时，开后领口，中间平收36针，两边减针，每2行减1针减2次，织至两边肩部余10针。

4.缝合。将前片的侧缝与后片的侧缝对应缝合。前片的肩部与后片的肩部缝合。

5.编织袖口。两边袖口用黑色线挑88针，环织4行单罗纹后，再织8行全下针，让它卷边。

6.领子编织。领圈边用黑色线挑116针，织4行单罗纹后，再织8行全下针，让它卷边。

7.装饰。用红色夹毛绒线装饰图案，编织完成。

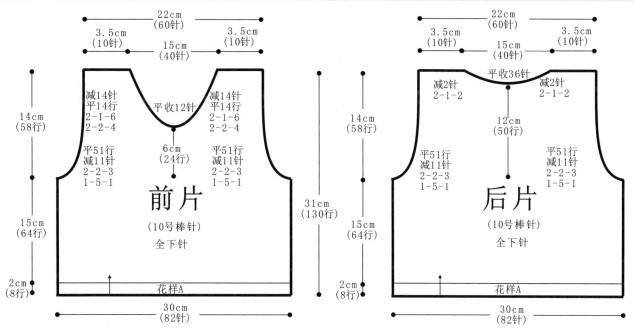

前片
（10号棒针）
全下针

后片
（10号棒针）
全下针

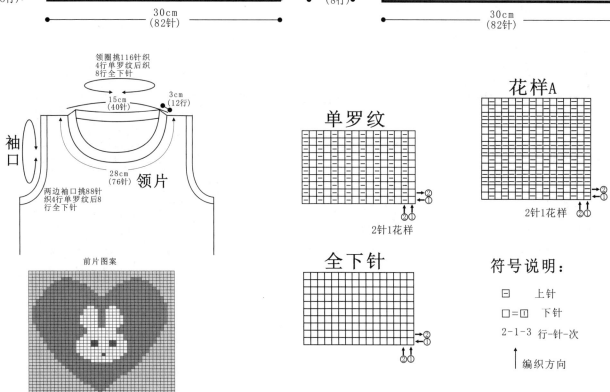

前片图案

单罗纹

2针1花样

全下针

花样A

2针1花样

符号说明：

□　上针

□＝□　下针

2-1-3　行-针-次

↑　编织方向

黄色长袖披肩

【成品规格】 衣长25cm，胸围68cm，袖长33cm

【工具】 10号棒针

【编织密度】 10cm²＝22针×30行

【材料】 明黄色毛线150g
白色毛线30g

编织要点：

1.后片：用明黄色线起84针，中心38针织花样A，两边织下针，织22行后织袖窿，腋下平收6针，再分别减2针织至48行平收。

2.前片：对称织左右两片。从中心开始织，起46针，中心38针织花样A，两边织下针，织36行。

3.袖：将前片下边16针与后片缝合；前片所余针数连同后片挑针数计66针织袖，中心36针织花样A，两边织下针，织78行后换白色线织边缘花样C，织8行平收。

4.领及边缘：用白色线从边缘挑出294针织12行花样B平收，完成。

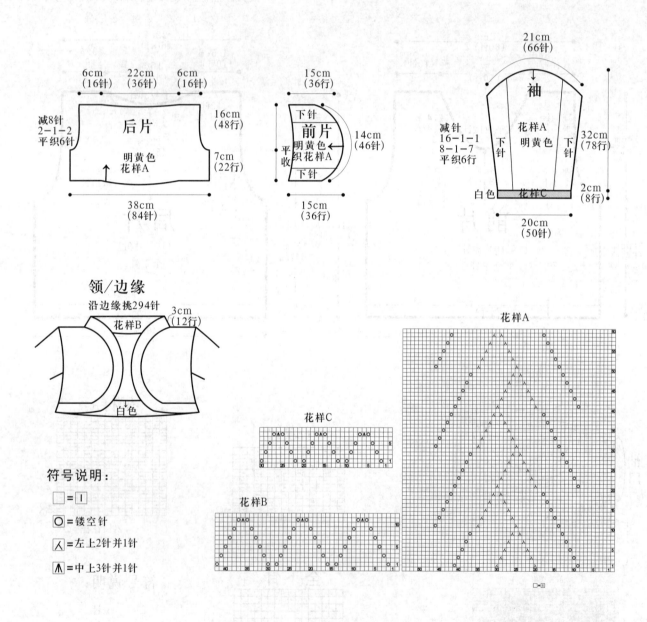

符号说明：

☐ ＝ |

◯ ＝ 镂空针

人 ＝ 左上2针并1针

⋀ ＝ 中上3针并1针

小花点缀开衫

【成品规格】 衣长32cm，胸围56cm，
肩宽23cm，袖长25.5cm

【工具】 2mm、2.5mm棒针

【编织密度】 10cm² = 28针×40行

【材料】 白色、橙色细绒线各150g
纽扣6颗

编织要点：

1. 右前片：用2.0mm棒针、橙色线起40针织花样A 4cm，换
2.5mm棒针、白色线往上织下针，织到6cm后换橙色线，按图
解收袖窿、领口。左前片织法相同。
2. 后片：用2.0mm棒针、橙色线起80针，从下往上织4cm花样A，
换2.5mm、白色线织下针，收领口按后片图解。
3. 袖片：用2.0mm棒针、橙色线起38针，织花样A，之后按图解
编织。
4. 前后片、袖片缝合后按图解挑领子、挑门襟（用橙色线），
用2.0mm棒针编织4cm花样A。按图解钉上纽扣。钩12朵小花作
为装饰。
5. 整理熨烫。

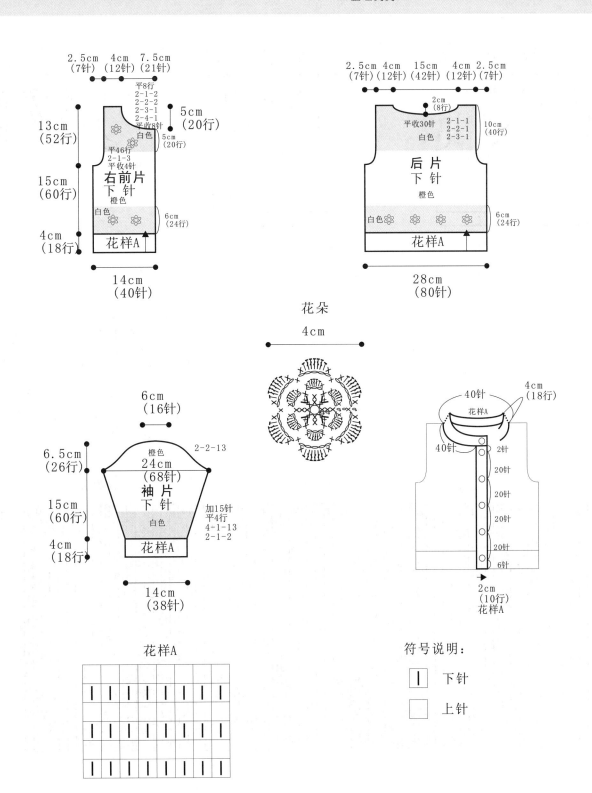

右前片

2.5cm 4cm 7.5cm
(7针) (12针) (21针)

平8行
2-1-2
2-2-2
2-3-1
2-4-1
平收8行

5cm
(20行)

5cm
(20行)

13cm
(52行)

平46行
2-1-3
平收4针

15cm
(60行)

**右前片
下 针**

橙色

白色

6cm
(24行)

4cm
(18行)

花样A

14cm
(40针)

后片

2.5cm 4cm 15cm 4cm 2.5cm
(7针) (12针) (42针) (12针) (7针)

2cm
(8行)

平收30针
白色

2-1-1
2-2-1
2-3-1

10cm
(40行)

**后 片
下 针**

橙色

白色

6cm
(24行)

花样A

28cm
(80针)

花朵

4cm

袖片

6cm
(16针)

6.5cm
(26行)

橙色
24cm
(68针)

2-2-13

**袖 片
下 针**

15cm
(60行)

白色

加15针
平4行
4-1-13
2-1-2

4cm
(18行)

花样A

14cm
(38针)

40针

4cm
(18行)

花样A

40针

2针

20针

20针

20针

20针

6针

2cm
(10行)
花样A

花样A

符号说明：

| | 下针

□ 上针

151

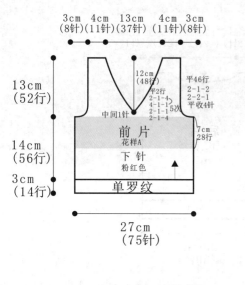

粉色v领背心

【成品规格】 衣长30cm，胸围54cm

【工具】 2.0mm、2.5mm棒针

【编织密度】 10cm² = 28针×40行

【材料】 粉红色毛线150g
白色毛线20g

编织要点：

1.前后片：用2.0mm棒针、粉红色线起75针织单罗纹3cm，换2.5mm棒针织下针，按图解编入花样A、收领子。后片按后片图解收领子。

2.前后衣片缝合后，用2.0mm棒针挑领边，织单罗纹，按图解编织。

3.整理熨烫。

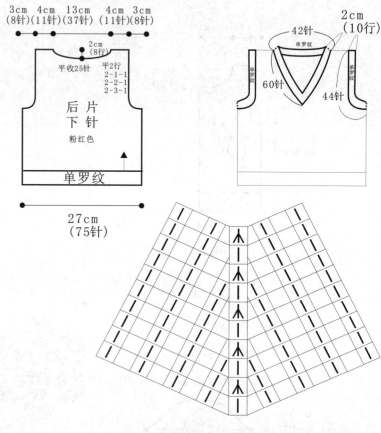

前片图：

3cm 4cm 13cm 4cm 3cm
(8针)(11针)(37针)(11针)(8针)

13cm(52行)
14cm(56行)
3cm(14行)

12cm(48行)
中间1针
平2行 2-1-4 2-1-1 4-1-1 2-1-1 5次 2-1-4
平46行
平2行 2-1-2 2-2-1 平收4针
7cm 28行

前 片
花样A
下 针
粉红色
单罗纹

27cm
(75针)

后片图：

3cm 4cm 13cm 4cm 3cm
(8针)(11针)(37针)(11针)(8针)

2cm(8行)
平收25针
平2行 2-1-1 2-2-1 2-3-1

后 片
下 针
粉红色
单罗纹

27cm
(75针)

领子图：

2cm(10行)
42针 单罗纹
单罗纹 60针 单罗纹
44针

符号说明：

| 下针

□ 上针

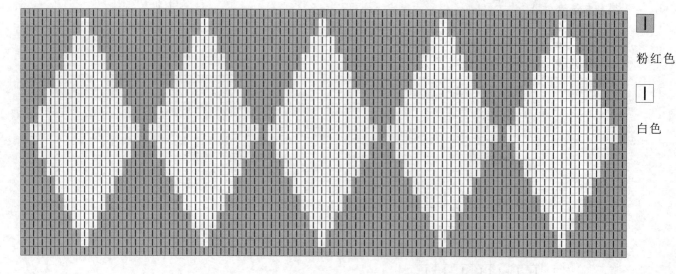

花样A

鸡心领收针

| 粉红色

| 白色

双排扣长袖装

【成品规格】 衣长32cm，胸围56cm
袖长17cm

【工具】 10号棒针

【编织密度】 10cm² =20针×31行

【材料】 黄色羊毛线250g
纽扣8颗

编织要点：

1. 起93针织桂花针6行，两侧边缘各5针织桂花针，中间织下针，再织62行，此时分出前后片，后片59针，前片各17针。

2. 在后片的两侧加平针37针为袖，与后片同织，袖的边缘5针织桂花针，平织24行时，中心35针为后领口，也织桂花针，继续织6行平收。

3. 前片左右两片分开织，将袖的针数如数挑起，织法同后片，平织30行收针。

4. 另起针织花样，并在两侧开扣洞，连接前片，完成。

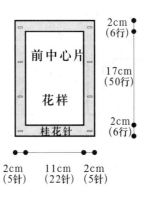

前中心片
花样

桂花针

2cm (6行)
17cm (50行)
2cm (6行)

2cm (5针)　11cm (22针)　2cm (5针)

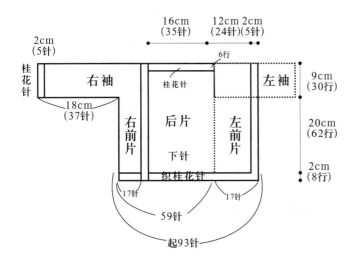

2cm (5针)

桂花针

16cm (35针)　12cm (24针) 2cm (5针)

6行

右袖　桂花针　左袖

18cm (37针)

9cm (30行)

右前片　后片　左前片

下针

20cm (62行)

织桂花针

17针　17针

59针

2cm (8行)

起93针

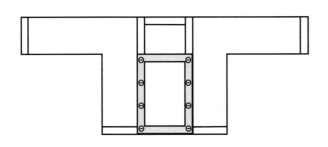

编织花样

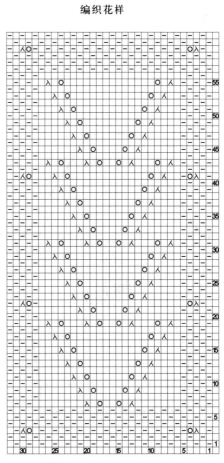

桂花针

55
50
45
40
35
30
25
20
15
10
5
1

30　25　20　15　10　5　1

符号说明：

□= 口
回= 镂空针
囚= 左上2针并1针

153

拉链半门襟长袖上衣

【成品规格】 衣长39cm，胸围58cm
连肩袖长39cm

【工具】 13号棒针

【编织密度】 10cm²=36.5针×40行

【材料】 灰色棉线100g
红色棉线250g
黑色棉线30g

编织要点:

1. 棒针编织法，衣身片分为前片和后片分别编织，完成后与袖片缝合而成。

2. 起织后片，灰色线起106针，织花样A，织20行，改为红色线织花样C，织至96行，第97行织片左右两侧各收4针，然后减针织成斜肩，方法为4-2-15，织至104行，改织花样B，织至156行，织片余下38针，用防解别针扣起，留待编织衣领。

3. 起织前片，灰色线起106针，织花样A，织20行，改为红色线织花样C，织至96行，第97行织片左右两侧各收4针，然后减针织成斜肩，方法为4-2-15，织至104行，第105行，织片中间平收8针，余下针数分别不加减针往上编织，织花样B，织至136行，第137行起，两侧减针织成前领，方法为2-2-2、2-1-8，织至156行，两侧各余下3针，用防解别针扣起，留待编织衣领。

4. 将前片与后片的侧缝缝合。

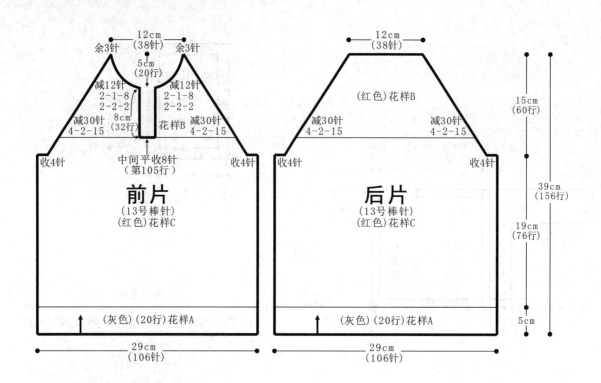

前片区域标注：
余3针　5cm(20行)　余3针
12cm(38针)
减12针 2-1-8 2-2-2　减12针 2-1-8 2-2-2
减30针 4-2-15　8cm(32行) 花样B　减30针 4-2-15
收4针　中间平收8针(第105行)　收4针

前片
(13号棒针)
(红色)花样C

(灰色)(20行)花样A
29cm(106针)

后片区域标注：
12cm(38针)
(红色)花样B
减30针 4-2-15　减30针 4-2-15
收4针　收4针

后片
(13号棒针)
(红色)花样C

(灰色)(20行)花样A
29cm(106针)

15cm(60行)　39cm(156行)　19cm(76行)　5cm

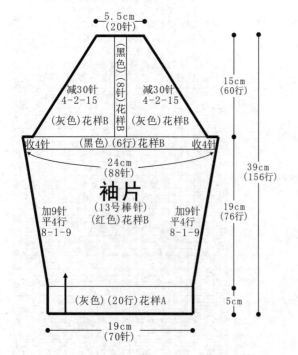

袖片区域标注：
5.5cm(20针)
(黑色)(8针)花样B
减30针 4-2-15　减30针 4-2-15
(灰色)花样B　(灰色)花样B
收4针　(黑色)(6行)花样B　收4针
24cm(88针)

袖片
(13号棒针)
(红色)花样B

加9针 平4行 8-1-9　加9针 平4行 8-1-9

(灰色)(20行)花样A
19cm(70针)

15cm(60行)　39cm(156行)　19cm(76行)　5cm

袖片制作说明

1. 棒针编织法，编织两片袖片。从袖口起织。

2. 双罗纹针起针法，灰色线起70针，织花样A，织20行后，改为红色线织花样B，一边织一边两侧加针，方法为8-1-9，织至90行，改为黑色线编织，织至96行，第97针起改为灰色线编织，两侧各收针4针，接着两侧减针编织插肩袖山。方法为4-2-15，织至156行，织片余下20针，收针断线。

3. 同样的方法编织另一袖片，在袖山中间平针绣的方式绣8针60行的黑色线，如结构图所示。将两袖侧缝对应缝合。

4. 将两袖侧缝对应缝合。

领片

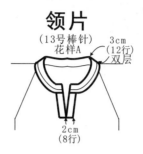

（13号棒针）
花样A
3cm
（12行）
双层
2cm
（8行）

符号说明：

⊟　　上针

□ = ⊡　　下针

▨▨▨▨　　左上2针交叉

▨▨▨▨　　右上2针交叉

2-1-3　行-针-次

领片制作说明

1.棒针编织法，先编织衣襟，完成后再挑织衣领。

2.灰色线沿左右前襟分别挑起30针，织花样B，织16行后，向内与起针合并成双层，中间缝上拉链。

3.灰色线编织衣领，领片一片往返编织完成。沿前后领口挑起124针织花样B，织4行后，改织花样A，织至20行，改回编织花样B，织至24行，向内与起针合并成双层衣领。收针断线。

2.钩织前片插肩边，沿前片右插肩钩织花样C，领口起钩4个单元花，断线。

3.将前后片插肩缝合。花样C的位置不需缝合，钉上纽扣。

花样A

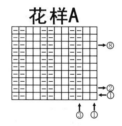

花样B

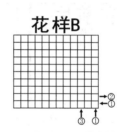

花样C

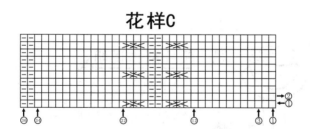

横条纹配色开衫

【成品规格】 衣长32cm, 胸围58cm
肩宽22cm, 袖长24cm

【工具】 12号棒针

【编织密度】 10cm² = 29针×42行

【材料】 蓝色棉线250g
白色、绿色、黄色棉线各50g
纽扣6颗

编织要点:

1.棒针编织法，衣身分为左前片、右前片、后片来编织。
2.起织后片，单罗纹针起针法，黄色线起86针，织花样A，织12行后，改织花样B，配色编织60行，改为蓝色线编织，织至70行，两侧袖隆减针，方法为平收4针、2-1-6，织至130行，第131行将织片中间平收26针，两侧减针织成领，方法为2-1-2，织至134行，两肩部各余下18针，收针断线。
3.起织右前片，单罗纹起针法，黄色线起40针，织花样A，织12行后，改为蓝色线织花样B，织至70行，右侧袖隆减针，方法为平收4针、2-1-6，织至82行，第83行起按图案a的颜色搭配交替编织，织至110行，第111行织片左侧减针织成前领，方法为平收4针、2-1-8，织至134行，两肩部各余下18针，收针断线。
4.起织右前片，单罗纹针起针法，黄色线起40针，织花样A，织12行后，改织花样B，按图案a的颜色搭配交替编织，织至60行，改为蓝色线编织，织至70行，左侧袖隆减针，方法为1-4-1，2-1-6，织至110行，第111行织片左侧减针织成前领，方法为1-4-1，2-1-8，织至134行，两肩部各余下18针，收针断线。
5.右前片衣摆平针绣方式绣图案b。

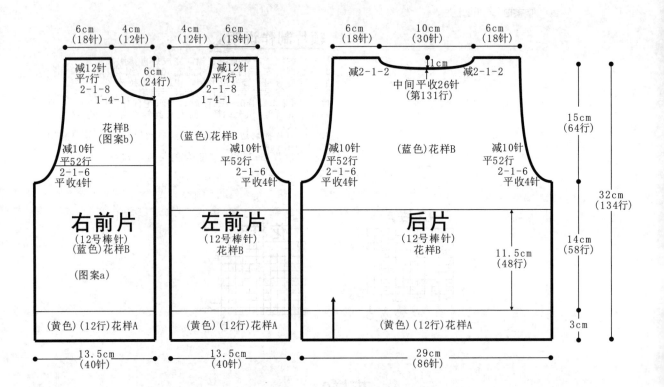

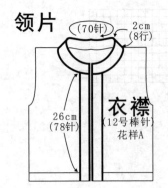

领片

领片制作说明

1.棒针编织法，先挑织衣襟，完成后再挑织领片。
2.沿左右衣襟侧分别挑起78针织花样A，织8行后，收针断线。
3.沿领口挑起70针，织花样A，往返编织，织8行后，单罗纹针收针法，收针断线。

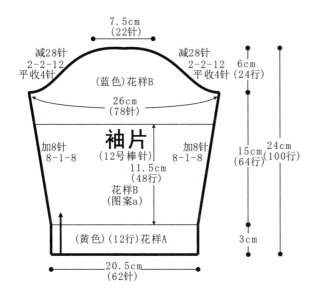

7.5cm
(22针)

减28针
2-2-12
平收4针

(蓝色)花样B

减28针
2-2-12
平收4针 (24行)

6cm

26cm
(78针)

袖片
(12号棒针)

加8针
8-1-8

加8针
8-1-8

11.5cm
(48行)

15cm
(64行)

24cm
(100行)

花样B
(图案a)

3cm

(黄色)(12行)花样A

20.5cm
(62针)

袖片制作说明

1.棒针编织法,从袖口往上编织。
2.起织,单罗纹针起针法,黄色线起62针,织花样A,织12行后,改织花样B,按图案a的颜色搭配交替编织,一边织一边两侧加针,方法为8-1-8,织至60行,改为蓝色线编织,织至76行,第77行两侧减针编织袖山,方法为平收4针、2-2-12,织至100行,织片余下22针,收针断线。
3.同样的方法编织另一袖片。
4.将袖山对应袖窿线缝合,再将袖底缝合。

符号说明:

⊟　　上针

□=①　下针

2-1-3　行-针-次

图案a
⊡ 白色
⊡ 红色

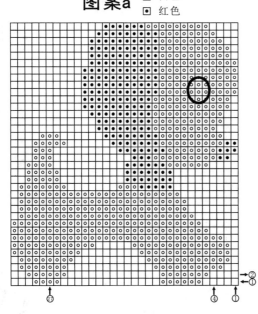

花样A

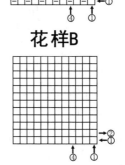

花样B

157

精致圆领开衫

【成品规格】 衣长36cm，胸围64cm，袖长35cm

【工具】 2mm、2.5mm棒针

【编织密度】 10cm² =22针×36行

【材料】 橙色毛线350g
纽扣5颗

编织要点：

1.育克：用2.0mm棒针起80针织花样A，按图解方向编织，织50行加针到240针。
2.育克结束后分别织前后片和袖片，织花样B。
3.袖片：50针织花样B。
4.门襟与前衣片连着编织。
5.整理熨烫。

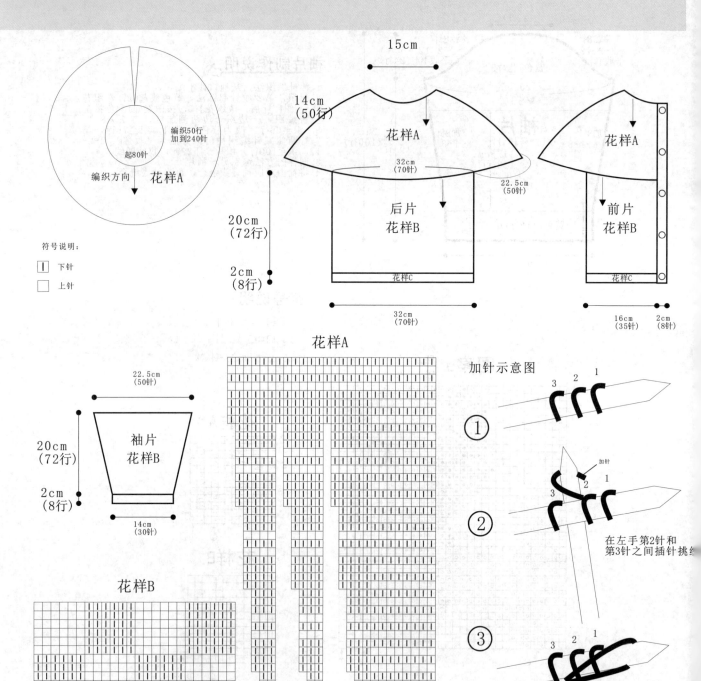

编织50行
加到240针

起80针

编织方向　花样A

符号说明：

| 下针

□ 上针

15cm

14cm
（50行）

花样A

32cm
（70针）

22.5针
（50针）

后片
花样B

前片
花样B

20cm
（72行）

2cm
（8行）

花样C

32cm
（70针）

16cm
（35针）

2cm
（8针）

22.5cm
（50针）

20cm
（72行）

袖片
花样B

2cm
（8行）

14cm
（30针）

花样A

花样B

花样C

加针示意图

①

②
加针
在左手第2针和
第3针之间插针挑线

③
挑出线挂在左手
针上，织下针

图为第一次加针示意图，第二次加针
在左手第3针和第4针加针，第三次在
第4和第5针加针，依此类推。

韩版蝴蝶结装

【成品规格】 衣长38cm，胸围60cm，肩宽23cm，袖长32cm

【工具】 2.0mm、2.5mm棒针

【编织密度】 10cm² = 26针×38行

【材料】 橘色线250g
白色毛线100g
紫色、绿色、黄色、咖啡色毛线少许
蝴蝶结花1个

编织要点：

1. 前片：用2.0mm棒针、橘色线起78针，从下往上织花样A 2cm，换2.5mm，结子线织8行后，用白色线与橘色线交替织3行，织法按图解花样B，白线织38行，再与橘色交替织3行，织成橘色线，织28行后织袖窿，按图解收针、收领子。
2. 后片：织法同前片，后领按图解编织。
3. 袖片：用2.0mm棒针、橘色线起32针，从下往上织4cm后，换2.5mm棒针，按图解加针、收袖山。
4. 前后片、袖片缝合，按图解用橘色线挑领边。
5. 清洗整理。

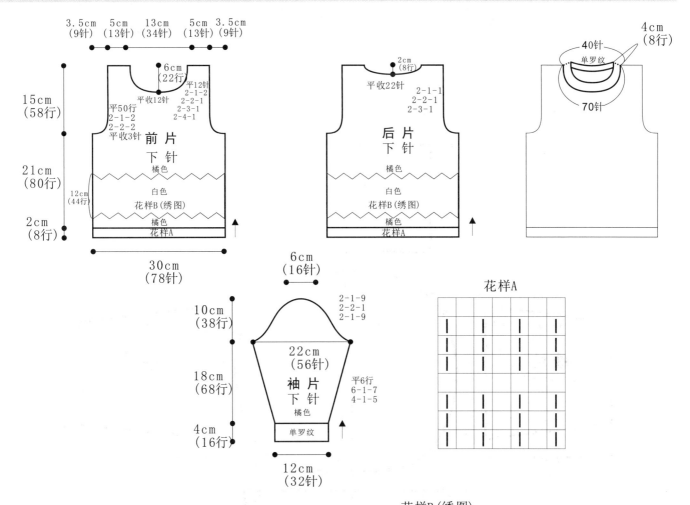

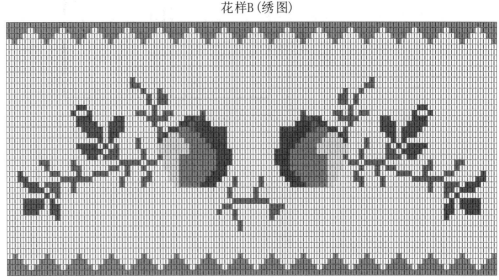

符号说明：

I	下针
	上针
I	橘色线
I	绿色线
I	紫色线
I	黄色线
I	咖啡色线

花样B（绣图）

美羊羊毛衣

【成品规格】 衣长25cm，胸围56cm
　　　　　　 袖长31cm

【工具】 13号棒针

【编织密度】 10cm²＝30针×41.6行

【材料】 黄色棉线400g

编织要点：

1. 棒针编织法，从领口往下编织至衣摆。
2. 起织，单罗纹针起针法，起140针，织花样A，一边织一边两侧加针，方法为2-2-4，织8行后，织片变成156针，第9行起，衣身改织花样B，两侧各织8针花样C作为衣襟，一边按花样B的方法分散加针，织至54行，织片变成296针，将织片分成左前片、左袖片、后片、右袖片和右前片五部分编织，左右前片各取42针，左右袖片各取68针，后片取76针编织。
3. 先织衣身，分配左右前片和后片共160针到棒针上，先织左前片42针，再加起8针，再织后片76针，加起8针，最后织右前片42针，共176针织花样D，不加减针织40行后，改织花样C，织10行后，收针断线。
4. 分别编织左右袖片。两侧编织方法相同。分配袖片共68针到棒针上，袖底挑起8针，共76针环形编织花样D，袖底缝两侧一边织一边减针，方法为8-1-8，织至64行，织片变成60针，改织花样C，织10行后，收针断线。

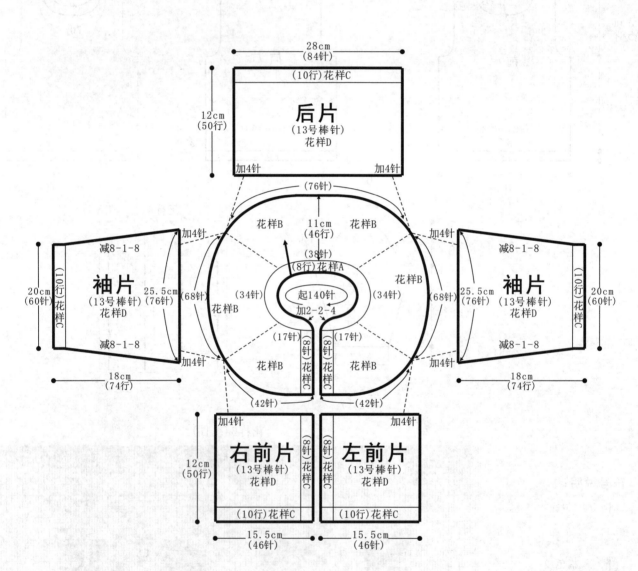

符号说明：

回	上针
□＝[]	下针
回	镂空针

2-1-3　行-针-次

160

花样A

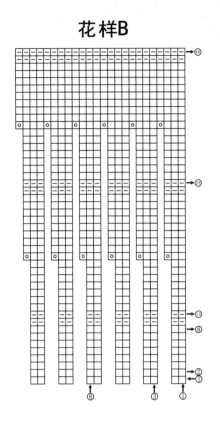

花样B

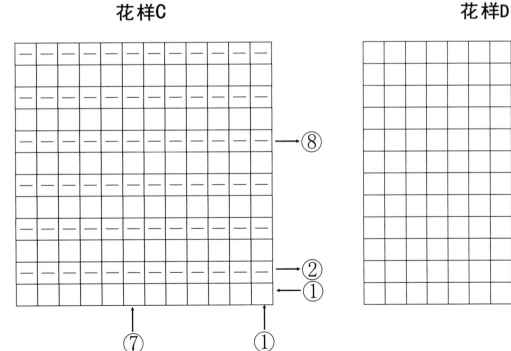

花样C

花样D

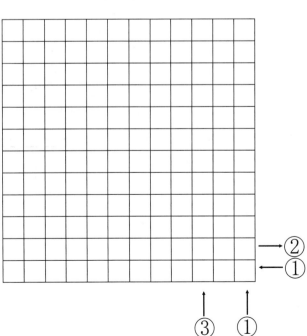

横织圆领长袖衫

【成品规格】 衣长36cm，胸围66cm，连肩袖长33cm

【工具】 10号棒针

【编织密度】 10cm² =20针×31行

【材料】 白色毛线300g
其他各色线约50g
纽扣6颗

编织要点：

1. 起80针单罗纹针环织，分散加针，共加72针。

2. 分织前片、后片、袖两片，前后片各45针，两袖片各31针。

3. 如图编织完成。

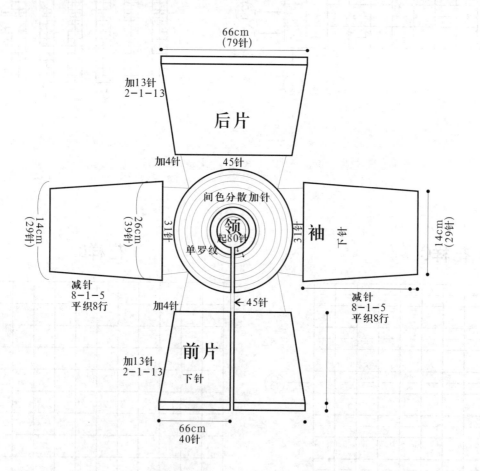

162

个性男孩装

【成品规格】 衣长30cm，胸围56cm

【工具】 10号棒针

【编织密度】 10cm² =27针×40行

【材料】 烟灰色毛线200g
藏蓝色毛线50g

编织要点：

1.后片：起74针织10行双罗纹，然后织下针，袖窿处先收3针，再每4行收2针3次，收领口，织平肩。

2.前片：开衫，左、右前片织法略有不同。起53针，门襟14针同织；左前襟织单罗纹，右前襟用蓝色线织花样。织28行后口袋的19针平收。另用蓝色线起19针织口袋里衬，织28行后与前片同织。

3.袖：从下往上织，织好后与身片缝合。另织2块蓝色贴，缝合在肘弯处。

4.领：沿领口挑针织领，先织6行双罗纹，再织8行下针，完成。

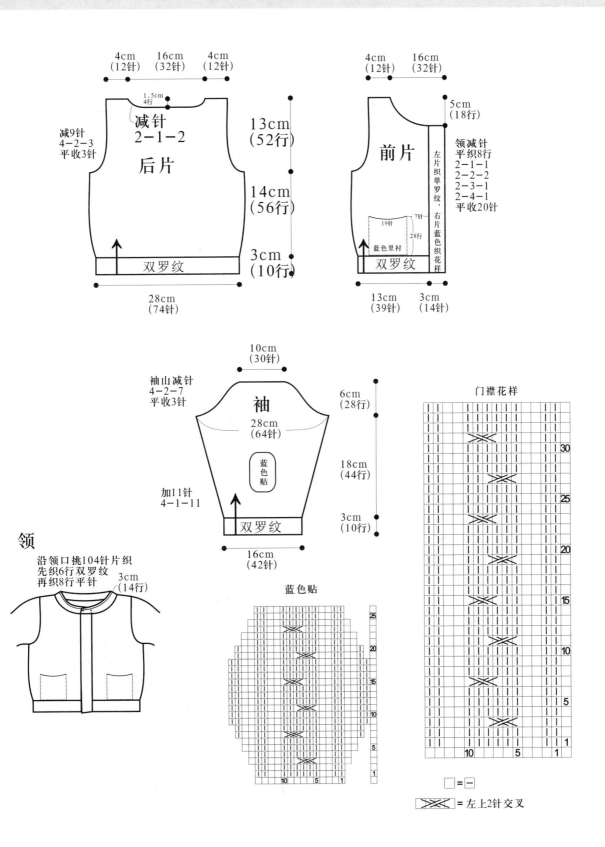

后片

减9针
4-2-3
平收3针

4cm (12针)　16cm (32针)　4cm (12针)

减针
2-1-2

1.5cm 4行

13cm (52行)

14cm (56行)

3cm (10行)

双罗纹

28cm (74针)

前片

4cm (12针)　16cm (32针)

5cm (18行)

领减针
平织8行
2-1-1
2-2-2
2-3-1
2-4-1
平收20针

左片织单罗纹，右片蓝色织花样

19针　7针 28行

蓝色里衬

双罗纹

13cm (39针)　3cm (14针)

袖

10cm (30针)

袖山减针
4-2-7
平收3针

28cm (64针)

蓝色贴

加11针
4-1-11

双罗纹

16cm (42针)

6cm (28行)

18cm (44行)

3cm (10行)

领

沿领口挑104针片织
先织6行双罗纹
再织8行平针

3cm (14行)

门襟花样

蓝色贴

□ = −

左上2针交叉

163

配色短袖装

【成品规格】 胸围60cm，衣长40cm，
袖长23cm

【工具】 2.5mm、3.0mm棒针

【编织密度】 10cm² ＝24针×35行

【材料】 段染毛线250g

编织要点：
1.前片：用2.5mm棒针起72针，从下往上织双罗纹4cm，换3.0mm棒针织花样A 19cm，织斜肩，按图解织领子。
2.后片：织法同前片，不用收领子，平收30针就可以。
3.衣袖：用2.5mm棒针起48针，换针织下针，插肩减针等按图解编织。
4.前后片、衣袖缝合后，挑领边织领子，清洗，熨烫。

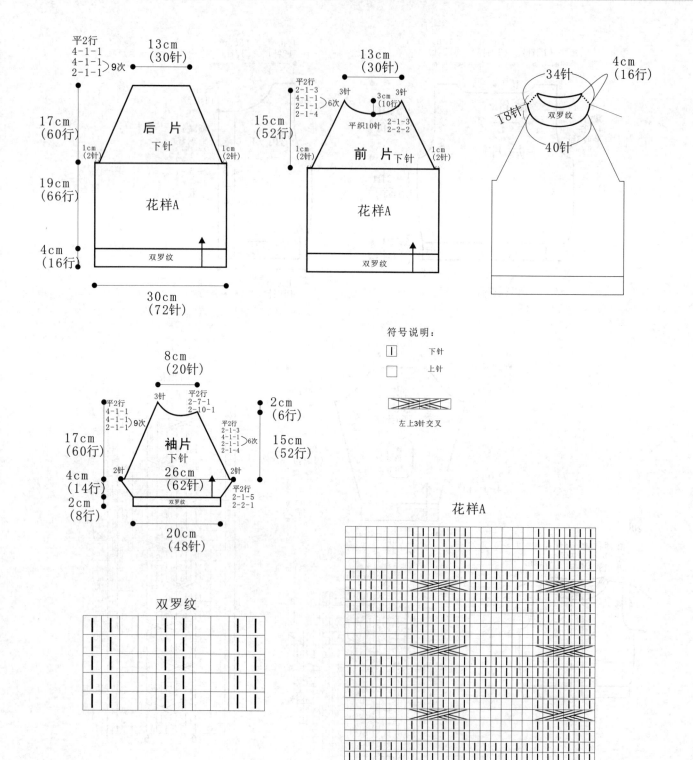

后片

13cm（30针）
平2行
4-1-1
4-1-1 ⟩9次
2-1-1
17cm（60行）
1cm（2针）
后 片 下针
19cm（66行）
花样A
4cm（16行）
双罗纹
30cm（72针）

前片

13cm（30针）
平2行
2-1-3
4-1-1
2-1-1 ⟩6次
2-1-4
3针 3cm（10针） 3针
平织10针 2-1-3
2-2-2
15cm（52行）
1cm（2针）
前 片 下针
1cm（2针）
花样A
双罗纹

领子

34针
4cm（16行）
18针
双罗纹
40针

袖片

8cm（20针）
3针 平2行
2-7-1
2-10-1
平2行
4-1-1
4-1-1 ⟩9次
2-1-1
17cm（60行）
2cm（6行）
袖片 下针
平2行
2-1-3
4-1-1 ⟩6次
2-1-1
2-1-4
15cm（52行）
4cm（14行）
2针 26cm（62针） 2针
2cm（8行）
平2行
2-1-5
2-2-1
20cm（48针）
双罗纹

符号说明：

| ‖ | 下针 |
| □ | 上针 |

左上3针交叉

双罗纹

花样A

粉色公主裙

【成品规格】 衣长48cm，胸围76cm，肩宽26cm

【工具】 2mm、2.5mm棒针 2.5mm钩针

【编织密度】 10cm² =28针×40行

【材料】 粉红色毛线300g

编织要点：

1.前片：用2.0mm棒针起106针织花样A 3.5cm，换2.5mm棒针往上织下针，织到21.5cm处织花样B，织6cm后，按图解收袖窿、收领子。

2.后片：织法同前片，收领口按后片图解。

3.口袋与衣领按图解编织。织好后用2.5mm钩针分别钩上花边。

4.前后片缝合，衣领和口袋缝合。

5.整理熨烫。

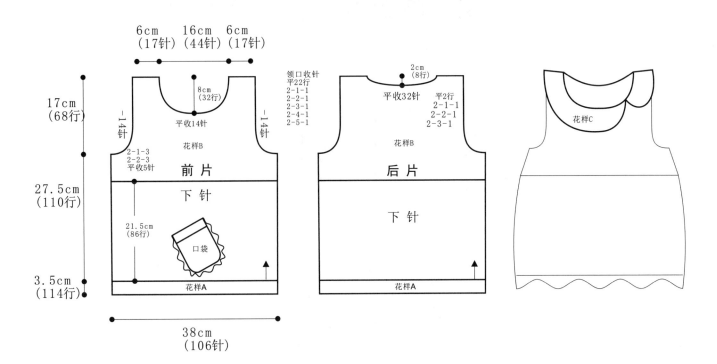

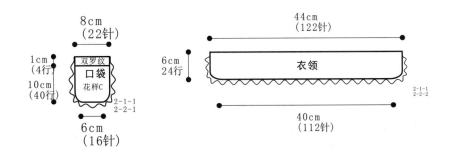

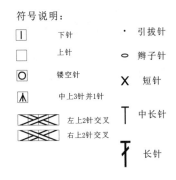

符号说明：

I	下针	·	引拔针
□	上针	○	辫子针
⊙	镂空针	X	短针
∧	中上3针并1针	T	中长针
⧗	左上2针交叉		
⧗	右上2针交叉	⅂	长针

衣领、口袋边花样

花样C

双罗纹

花样B

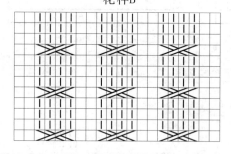

花样A

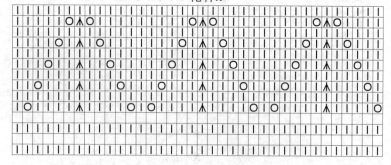

亮黄条配色毛衣

【成品规格】衣长30cm，下摆宽27cm，袖长26cm

【工　　具】10号棒针

【编织密度】10cm² ＝28针×47行

【材　　料】灰色羊毛线400g
蓝色、橙色羊毛线少许
纽扣5颗

编织要点:

1.毛衣用棒针编织，由两片前片、一片后片、两片袖片组成，从下往上编织。

2.先编织前片。分右前片和左前片编织。

(1)右前片：先用蓝色线，下针起针法，起38针，织2行后改用灰色线，先编织18针单罗纹后，改织全下针，侧缝不用加减针，并配色，2行蓝色4行橙色，织66行至袖窿。

(2)袖窿以上的编织。右侧袖窿减8针，方法是：每织2行减1针减8次。

(3)从袖窿算起织至24行时，开始开领口，方法是：每2行减2针减4次、每2行减1针减8次，织至肩部余14针。

(4) 相同的方法，相反的方向编织左前片。

3.编织后片。

(1)先用蓝色线，下针起针法，起76针，织2行后改用灰色线，先编织18针单罗纹后，改织全下针，侧缝不用加减针，并配色，2行蓝色4行橙色，织66行至袖窿。

(2)袖窿以上编织。开始减针，方法与前片袖窿一样。

(3)从袖窿算起46行时，开后领口，中间平收28针，两边各减2针，方法是：每2行减1针减2次，织至两边肩部余14针。

4.编织袖片。从袖口织起，先用蓝色线，下针起针法，起40针，织2行后改用灰色线，先编织18行单罗纹后，改织全下针，并配色，2行蓝色4行橙色，袖侧缝加14针，方法是：每6行加1针加14次，编织94行至袖窿。编织袖山减针，方法是：两边分别每1行减5针减1次 每2行减2针减11次，编织完28行后余14针，收针断线。同样方法编织另一袖片。

5.缝合。将前片的侧缝与后片的侧缝对应缝合，再将两袖片的袖山边线与衣身的袖窿边对应缝合。

6.门襟编织。两边门襟分别挑68针，织12行单罗纹，右片每隔16行，均匀地开一个纽扣孔，共5个。最后用蓝色线织2行。

7.用缝衣针缝上纽扣。

8.领子编织。领圈边挑104针，织12行单罗纹，最后用蓝色线织2行后，收针断线。衣服完成。

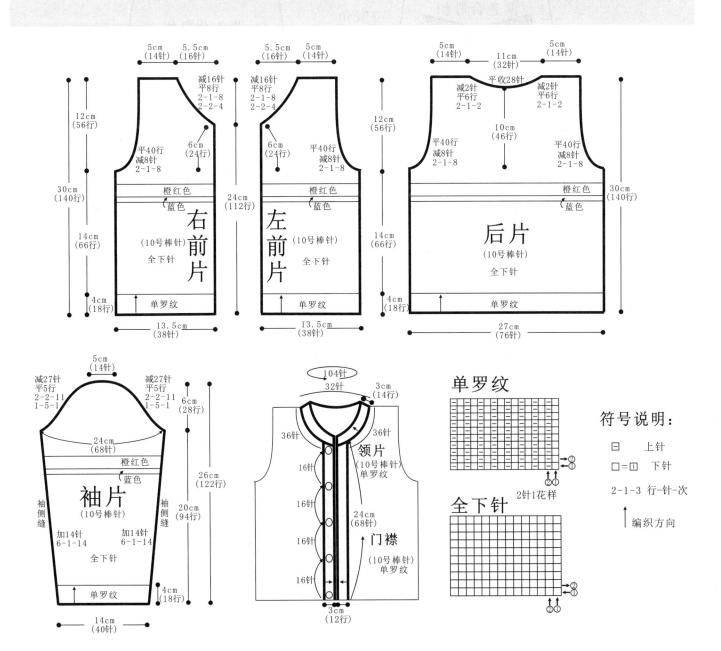

167

口袋配色毛裤

【成品规格】 裤长38cm，腰围44cm

【工具】 10号棒针

【编织密度】 10cm² =21针×40行

【材料】 深蓝色和淡蓝色毛线各130g
松紧带若干
五彩小纽扣6颗

编织要点：

从裤腰往下织：用淡蓝色线起120针织20行单罗纹，将松紧带穿入其中后两层重合；将两色线合股织裤身；织60行后分针各一半织裤腿，各织90行，换淡蓝色织8行平收。

另用深蓝色织两小块方形，贴在后片，缝上纽扣点缀，完成。

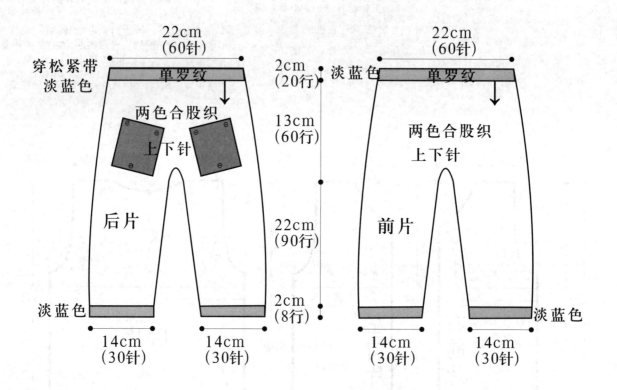

穿松紧带
淡蓝色

22cm
(60针)

单罗纹

两色合股织
上下针

后片

淡蓝色

14cm
(30针)   14cm
(30针)

2cm
(20行)

13cm
(60行)

22cm
(90行)

2cm
(8行)

淡蓝色   22cm
(60针)

单罗纹

两色合股织
上下针

前片

淡蓝色

14cm
(30针)   14cm
(30针)

口袋

深蓝色
上下针

8cm
(16行)

8cm
(20针)

上下针

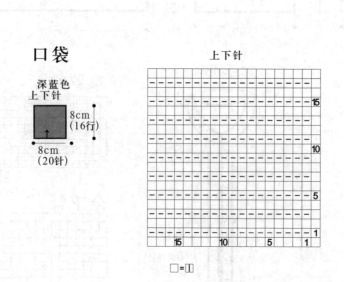

15

10

5

1

15   10   5   1

□ = □

小马图案毛衣

【成品规格】胸围58cm，衣长34cm，袖长33cm

【工具】 2.5mm、3.0mm棒针

【编织密度】10cm² =24针×35行

【材料】 灰毛线250g
深蓝色毛线100g
黄色毛线75g
橘色线50g
黑色线少许

编织要点：

1.前片：用2.5mm棒针、黑色线起70针，从下往上织双罗纹3.5cm(4行黑色后换深蓝色)，换3.0mm棒针织下针，按图解编织花样A。

2.后片：起针同前片，按图解换色编织。

3.衣袖起36针，袖窿减针等按图解编织。

4.前后片、衣袖缝合后，用深蓝色线、2.5mm棒针挑领边，织双罗纹。

5.清洗，熨烫。

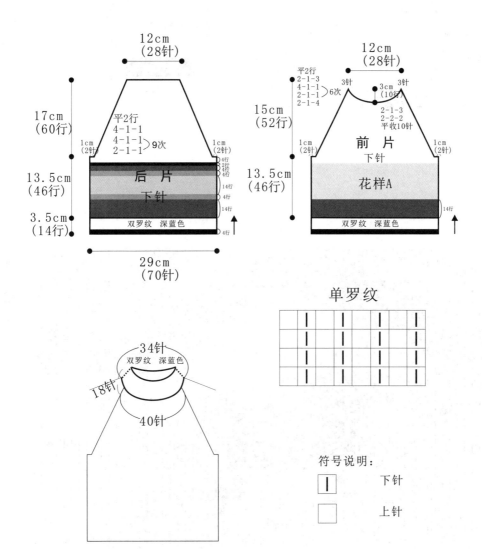

单罗纹

符号说明：

| **|** | 下针 |
| 上针 |

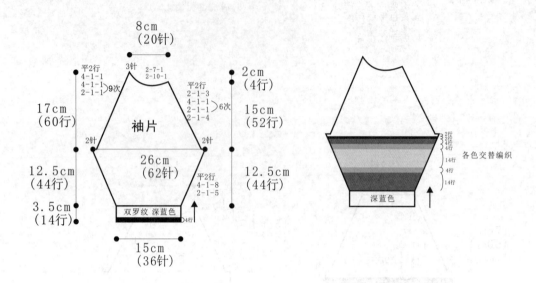

花样A

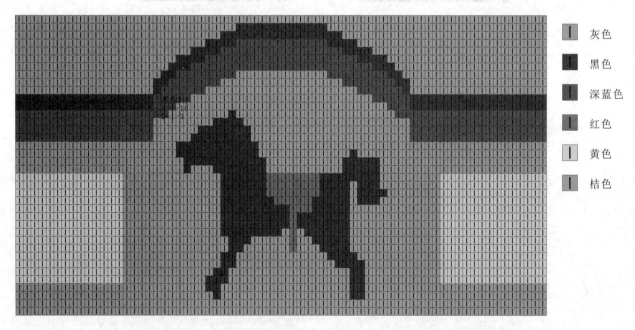

	灰色
	黑色
	深蓝色
	红色
	黄色
	桔色

波浪纹小背心

【成品规格】衣长29cm，胸围48cm

【工具】2.0mm、2.5mm棒针

【编织密度】10cm² =28针×40行

【材料】
白色毛线120g
紫色毛线150g
粉红纽扣2颗

编织要点：

1. 前片：用2.0mm棒针、紫色线起68针织双罗纹3cm，换2.5mm棒针按花样A白紫两色换线编织，织到13cm处织袖窿，按图解收针，织7cm后，用紫色线织花样B 2cm。

2. 后片：起针与花样和前片相同，收袖窿13cm后，中间40针收针，两边各8针继续往上织6cm。

3. 后片领部挑80针织花样B，前后衣片缝合后，用2.0mm棒针、紫色线挑袖边，按图解编织。按图钉上纽扣。

4. 整理熨烫。

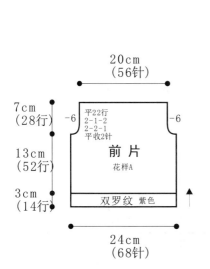

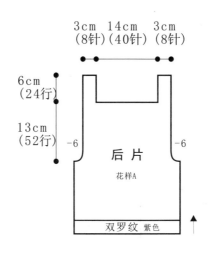

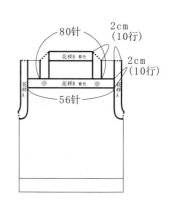

花样A

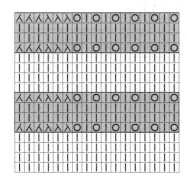

花样B

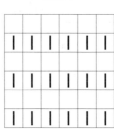

符号说明：

| 下针

□ 上针

○ 镂空针

入 右上2针并1针

人 左上2针并1针

171

帅气小背心

【成品规格】 衣长34cm，胸围64cm

【工具】 10号棒针

【编织密度】 10cm²＝20针×30行

【材料】 灰色毛线200g
咖啡色毛线少许
纽扣7颗

编织要点：

1.后片:起67针，织上下针14行，中间51针开始织下针，两侧左边9针，右边7针仍织上下针；织60行后平收两侧的上下针；此时全部织上下针；织30行中间27针平收，肩带左侧织14行，右侧织8行平收。

2.前片:起67针织14行上下针，中间51针织下针，左侧9针，右侧7针仍织上下针，并开扣洞5个；袖窿平收两侧的上下针，织16行平收中间的27针，左右肩带织22行。

3.缝合两片，钉纽扣，在前片绣上字母e，完成。

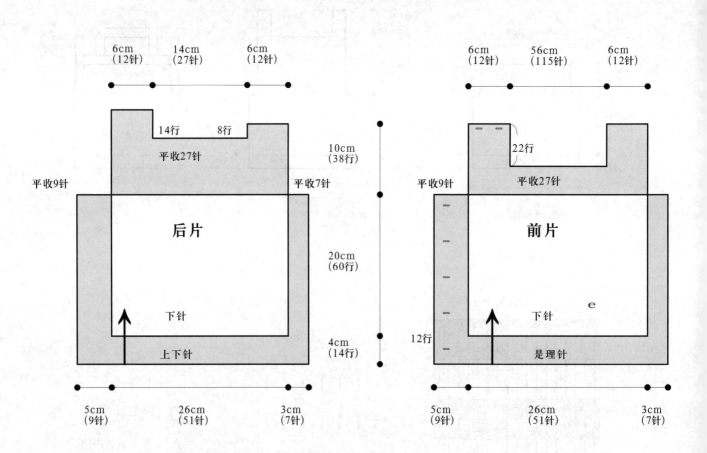

前片编织图

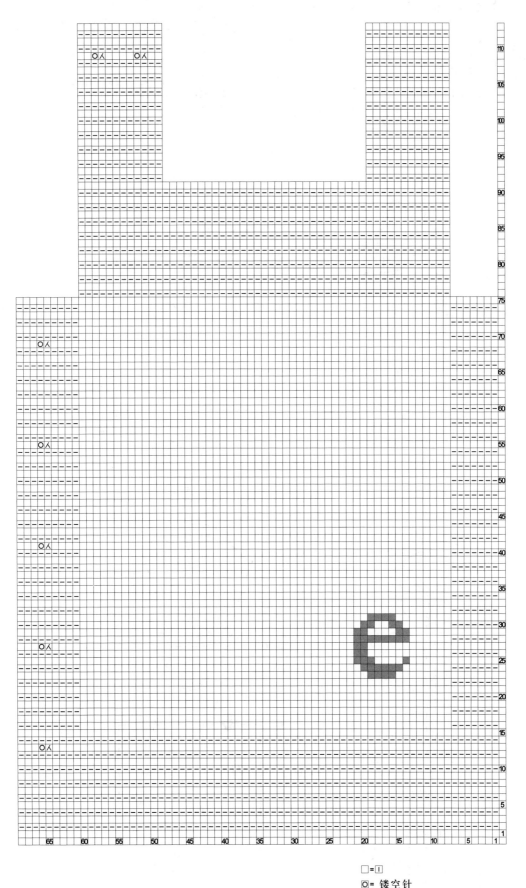

□ = □
○ = 镂空针
人 = 左上2针并1针

173

红色连帽衫

【成品规格】 衣长36cm，胸围66cm，
肩宽26cm，袖长27cm

【工具】 2mm、2.5mm棒针

【编织密度】 10cm²=26针×40行

【材料】 红色细绒线350g
黄色毛线100g
白色、紫红色、黑色毛线少许
纽扣6颗

编织要点：

1. 右前片：用2.0mm棒针、红色线起43针织单罗纹4cm，换2.5mm棒针往上织8行下针后，往上编织花样A，按图解收袖窿、收领口。
2. 后片：用2.0mm棒针、红色线起86针，从下往上织4cm单罗纹，换2.5mm棒针织下针和花样A与花样B，收领子按后片图解。
3. 袖片：用2.0mm棒针起36针，织双罗纹，换针换线按图解编织。袖山处按图角换线编织。
4. 帽子按图解编织。
5. 前后片、袖子、帽子缝合后按图解挑门襟，用2.0mm棒针编织单罗纹4cm。按图解钉上纽扣。
5. 整理熨烫。

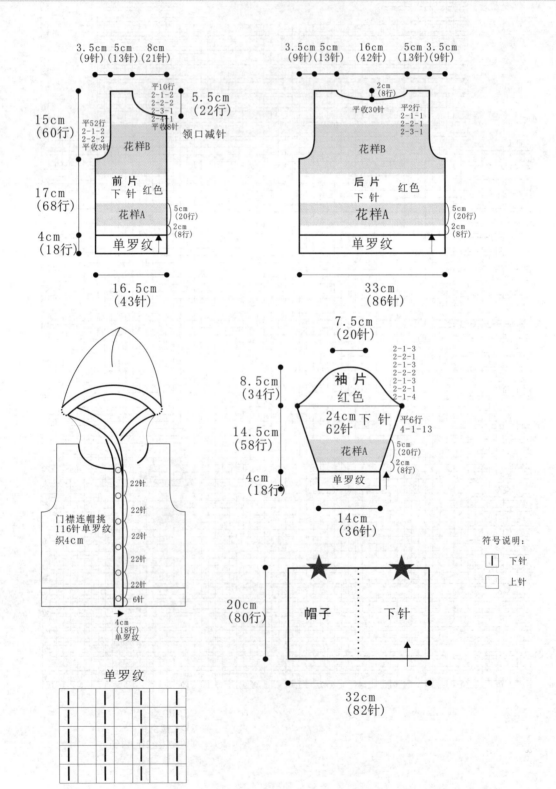

单罗纹

花样A

| | 白色 | | 黄色 | | 红色 |
| | 紫红色 | | 黑色 |

花样B

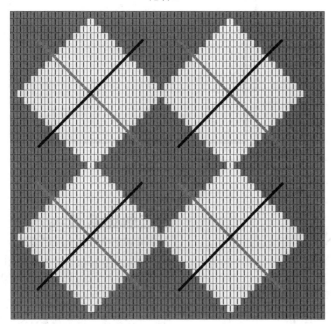

黑白配菱形花样装

【成品规格】 衣长35cm，胸围60cm，
肩宽23cm，袖长27cm

【工具】 12号棒针

【编织密度】 10cm² = 28针×36行

【材料】 灰色棉线300g
黑色、白色棉线各50g

编织要点：
1. 棒针编织法，衣身分为前片、后片来编织。
2. 起织后片，双罗纹针起针法，灰色线起84针，织花样A，织14行后，改织花样B，织至72行，两侧袖窿减针，方法为平收4针、2-1-6，织至122行，第123行将织片中间平收26针，两侧减针织成后领，方法为2-1-2，织至126行，两肩部各余下17针，收针断线。
3. 起织前片，双罗纹针起针法，灰色线起84针，织花样A，织14行后，改为织花样B，灰色、黑色、白色线组合编织，如图案a所示，织至72行，两侧袖窿减针，方法为平收4针、2-1-6，织至100行，第101行将织片中间平收10针，两侧减针织成前领，方法为2-1-10，织至126行，两肩部各余下17针，收针断线。
4. 将前后片侧缝缝合，两肩部对应缝合。

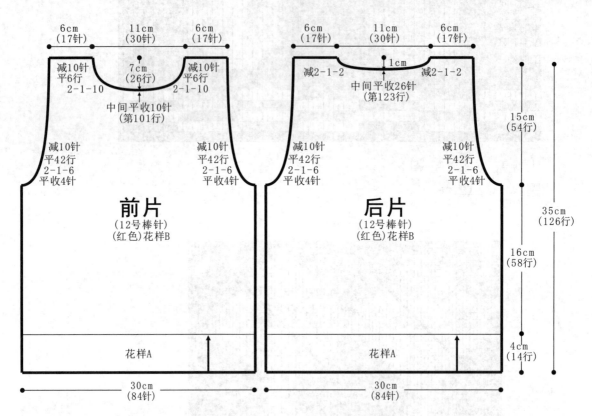

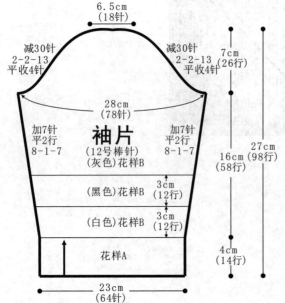

袖片制作说明

1. 棒针编织法，编织两片袖片。从袖口往上编织。
2. 双罗纹针起针法，灰色线起64针，织花样A，织14行后，改为白色线织花样B，两侧一边织一边按8-1-7的方法加针，织至26行，改织12行黑色，然后全部改为灰色线编织，织至72行，织片变成78针，两侧减针编织袖山，方法为平收4针、2-2-13，织至98行，织片余下18针，收针断线。
3. 同样的方法再编织另一袖片。
4. 缝合方法：将袖山对应前片与后片的袖窿线，用线缝合，再将两袖侧缝对应缝合。

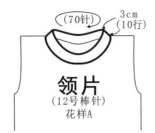

(70针) 3cm
(10行)

领片
(12号棒针)
花样A

领片制作说明

1. 棒针编织法，环形挑织领片。
2. 沿领口灰色线挑起70针，织花样A，共织10行后，收针断线。

花样A

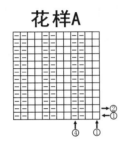

②→
①←

④↑ ①↑

花样B

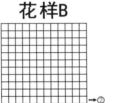

②→
①←

④↑ ①↑

符号说明：

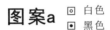

⊟ 上针
□=⊡ 下针
2-1-3 行-针-次

图案a

⊡ 白色
⊡ 黑色

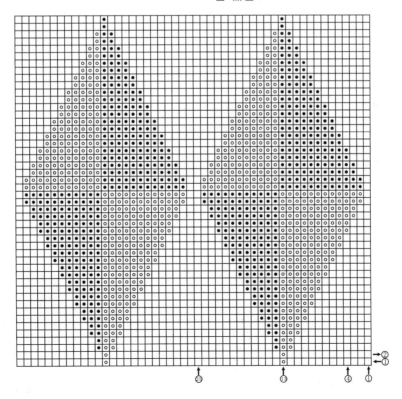

②→
①←

㉕↑ ⑬↑ ④↑ ①↑

粉色插肩袖毛衣

【成品规格】 衣长30cm，胸围56cm，
连肩袖长30cm

【工具】 10号、11号棒针

【编织密度】 10cm²=28针×31行

【材料】 粉色纳米羊绒线250g
其他色线少许
纽扣5颗

编织要点：

1.前后片：起156针，织上下针10行，上面织下针，织46行后分片织，后片78针，前片各39针；腋下平收10针，收针方法按图解。

2.袖：另起44针织袖，织好后缝合。

3.门襟和领：全部织上下针；先挑针织门襟，一侧开扣洞，再沿领口挑针织领，最后钩一行花样；缝合纽扣，完成。

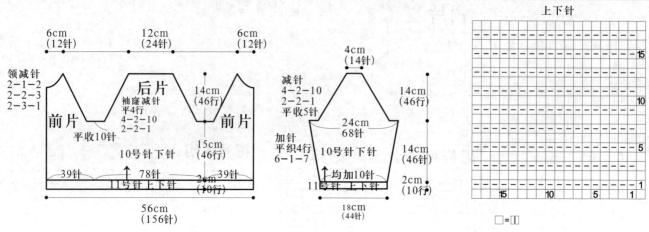

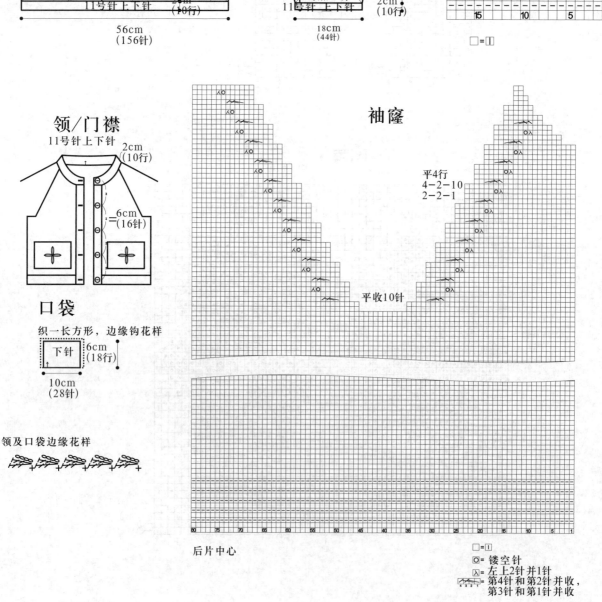

领/门襟
11号针上下针

口袋

织一长方形，边缘钩花样

下针 6cm（18行）

10cm（28针）

领及口袋边缘花样

袖窿

平4行
4-2-10
2-2-1

平收10针

后片中心

□=1
◎= 镂空针
⋋= 左上2针并1针
= 第4针和第2针并收，
第3针和第1针并收

菱形花样男孩装

【成品规格】 衣长32cm，胸围64cm，
袖长24cm

【工具】 10号棒针

【编织密度】 10cm² =22针×30行

【材料】 玫红色毛线250g
纽扣5颗

编织要点：

1. 后片：起68针，织8行单罗纹后开始织花样，中心10针织下针，两侧花样各22针，边缘各7针织下针；织50行后织袖窿，肩织平肩，后领口中心平收18针，两侧各收2针。

2. 前片：起34针，织法同后片。

3. 袖：从上往下织，起24针，中心22针织花样，两侧织平针，袖口一次均收14针，织单罗纹收针。

4. 领和门襟：先挑针织门襟，一侧开扣洞，再挑针织领。缝合纽扣，完成。

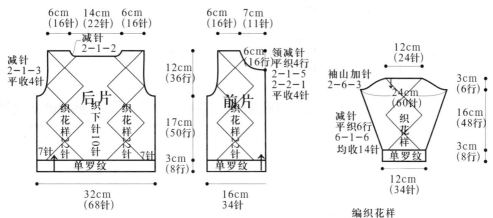

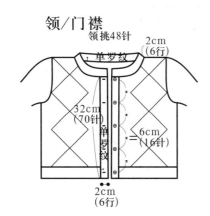

领/门襟
领挑48针

编织花样

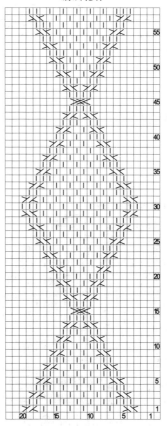

□=□
左上2针与1针的交叉
左上2针交叉

179

经典唐装

【成品规格】 衣长36cm，胸围64cm，袖长33cm

【工具】 2mm、2.5mm棒针

【编织密度】 10cm² =31针×36行

【材料】 黄色毛线300g
黑色毛线100g

编织要点：

1.用2.0mm棒针黄色线起100针，在中间80针开始引返编织，10行每行多织2针，直到总针数为100针，如图解A，再片织10行，然后在一边加出20针，开始按图解B圈织。隔行在2针两旁加针，共织50行。

2.开始分前后片、袖片，前后片、袖片两边分别加出4针，按图解编织，在前片绣上绣图a。

3.按图解用黑色线、花样C织领边。

4.整理熨烫。

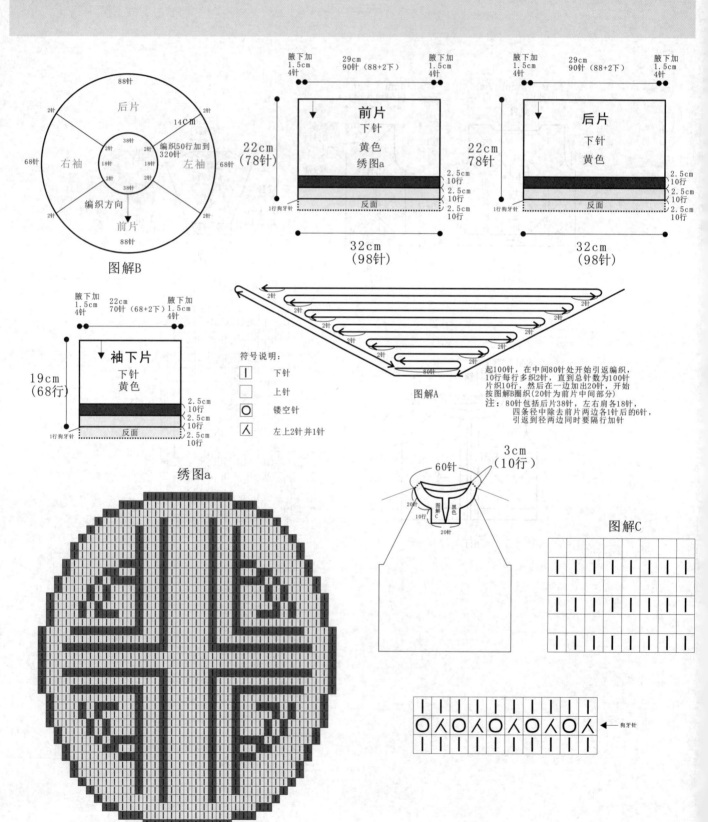

图解B

88针
后片
2针   2针
14CM
右袖   38针   左袖
68针   18针   18针   68针
编织50行加到
320针
2针   38针   2针
编织方向
前片
88针

前片
腋下加
1.5cm
4针
29cm
90针（88+2下）
腋下加
1.5cm
4针
22cm
（78针）
前片
下针
黄色
绣图a
反面
1行狗牙针
2.5cm
10行
2.5cm
10行
2.5cm
10行
32cm
（98针）

后片
腋下加
1.5cm
4针
29cm
90针（88+2下）
腋下加
1.5cm
4针
22cm
78针
后片
下针
黄色
反面
1行狗牙针
2.5cm
10行
2.5cm
10行
2.5cm
10行
32cm
（98针）

袖下片
腋下加
1.5cm
4针
22cm
70针（68+2下）
腋下加
1.5cm
4针
19cm
（68行）
袖下片
下针
黄色
反面
1行狗牙针
2.5cm
10行
2.5cm
10行
2.5cm
10行

图解A

2针（多个）
80针

起100针，在中间80针处开始引返编织，10行每行多织2针，直到总针数为100针，片织10行，然后在一边加出20针，开始按图解B圈织（20针为前片中间部分）。
注：80针包括后片38针，左右肩各18针，四条径中除去前片两边各1针后的6针，引返到径两边同时要隔行加针

符号说明：

符号	说明
I	下针
□	上针
O	镂空针
人	左上2针并1针

绣图a

3cm
（10行）
60针
20针
图解C
10行
黑色
20针

图解C

狗牙针

180

浅紫色插肩袖毛衣

【成品规格】 胸围58cm，衣长35cm，袖长34cm

【工具】 2.5mm、3.0mm棒针

【编织密度】 10cm²＝24针×35行

【材料】 浅紫色毛线200g
白色毛线50g
灰色毛线75g

编织要点：
1.前片：用2.5mm棒针、浅紫色线起70针，从下往上织双罗纹4cm(8行浅紫色8行灰色)，换3.0mm棒针织下针，按照花样A织入。斜肩、领部按图解编织。
2.后片：起针同前片，罗纹完成后全用浅紫色线织下针。
3.衣袖起36针，插肩减针等按图解编织，浅紫、灰、白三色换线编织。
4.前后片、衣袖、口袋缝合后，按图解挑领部(罗纹8行灰色8行浅紫色)，前胸绣上绣图a，清洗，熨烫。

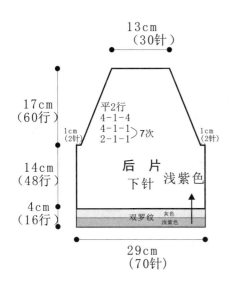

13cm
（30针）

平2行
4-1-4
4-1-1 } 7次
2-1-1

1cm（2针）   1cm（2针）

17cm（60行）

后 片
下针   浅紫色

14cm（48行）

双罗纹   灰色 浅紫色

4cm（16行）

29cm
（70针）

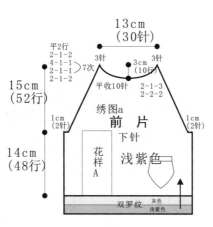

13cm
（30针）

平2行
2-1-2
4-1-1 } 7次
2-1-1
2-1-2

3针   3cm 3针
（10针）

15cm（52行）

平收10针   2-1-3 2-2-2

绣图a

前 片

花样A   下针   浅紫色

1cm（2针）   1cm（2针）

14cm（48行）

双罗纹   灰色 浅紫色

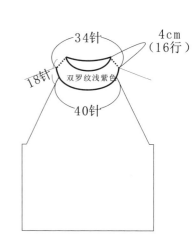

34针   4cm
（16行）

18针   双罗纹浅紫色

40针

8cm
（18针）

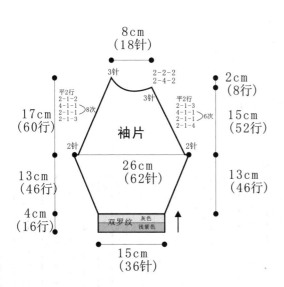

3针   2-2-2 2-4-2

3针

平2行
2-1-2
4-1-1 } 8次
2-1-1
2-1-3

平2行
2-1-3
4-1-1 } 6次
2-1-1
2-1-4

2cm（8针）

17cm（60行）

15cm（52行）

袖片

2针   2针

26cm
（62针）

13cm（46行）   13cm（46行）

双罗纹   灰色 浅紫色

4cm（16行）

15cm
（36针）

5cm
（12针）

单罗纹   4行

花样c

平织4行
4-1-1

口 袋
上针

平织2行
2-1-5

2针

6cm
（14针）

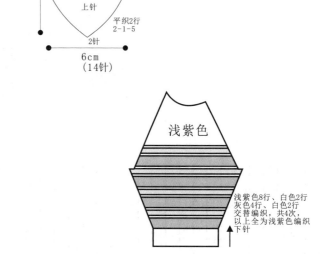

浅紫色

浅紫色8行、白色2行
灰色4行、白色2行
交替编织，共4次，
以上全为浅紫色编织
下针

符号说明：

| | 下针

□ 上针

▨▨▨ 右上4针交叉

181

花样C

双罗纹

花样A

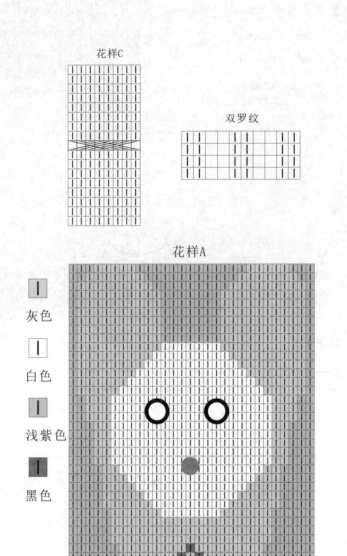

灰色

白色

浅紫色

黑色

绣图a

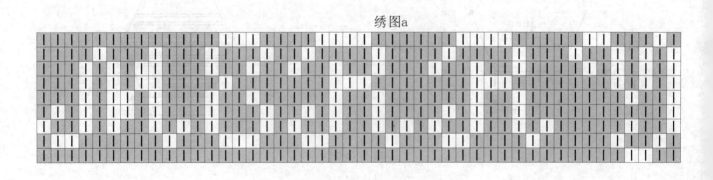

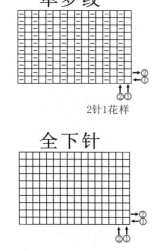

可爱圆领背心

【成品规格】衣长31cm，胸围58cm
　　　　　　肩宽22cm

【工　　具】10号棒针

【编织密度】10cm² =28针×40行

【材　　料】浅蓝色羊毛线400g
　　　　　　浅黄色等羊毛线各少许
　　　　　　黑色和红色夹毛绒线适量

编织要点：

1. 毛衣用棒针编织，由一片前片，一片后片组成，从下往上编织。
2. 先编织前片。
(1)先用浅黄色线，下针起针法，起82针，编织8行花样A后，改用浅蓝色线织全下针，侧缝不用加减针，同时编入图案，织60行至袖隆。

(2)袖隆以上的编织。两边袖隆减针，方法是：平收5针，每2行减1减5次，各减10针，余下针数不加不减织24行。
(3)从袖隆算起织至24行时，开始开领口，先平收16针，然后两边减针，方法是：每2行减2针减3次，每2行减1针减7次，共减13针，不加不减织12行至肩余剩10针。
3.编织后片。
(1)先用浅黄色线，下针起针法，起82针，编织8行花样A后，改用浅蓝色线织全下针，侧缝不用加减针，织60行至袖隆。然后袖隆开始减针，方法与前片袖隆一样。
(2)织至袖隆算起48行时，开后领口，中间平收38针，两边减针，每2行减1针减2次，织至两边肩部余10针。
4.缝合。将前片的侧缝与后片的侧缝对应缝合。前片的肩部与后片的肩部缝合。
5.编织袖口。两边袖口用浅黄色线挑88针，环织4行单罗纹后，再织8行全下针，让它卷边。
6.领子编织。领圈边用浅黄色线挑110针，织4行单罗纹后，再织8行全下针。
7.装饰：用缝衣针及黑色夹毛绒线钩边，红色夹毛绒线绣上绣图a。编织完成。

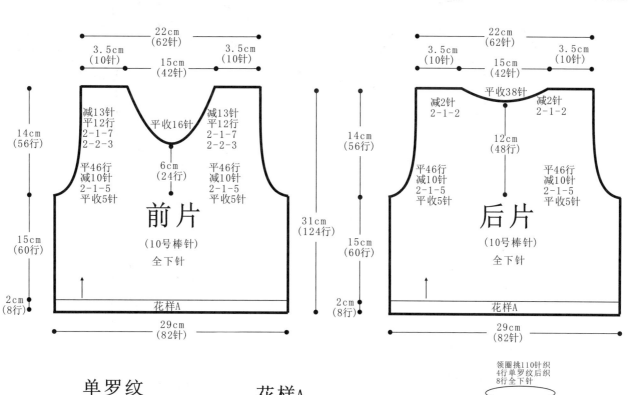

前片
(10号棒针)
全下针

后片
(10号棒针)
全下针

单罗纹

2针1花样

花样A

2针1花样

全下针

符号说明：

⊟　上针

□=⊟　下针

2-1-3　行-针-次

↑　编织方向

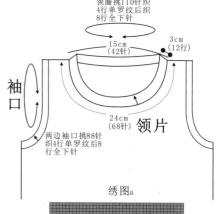

领圈挑110针织
4行单罗纹后织
8行全下针

15cm
(42针)

3cm
(12行)

袖口

领片

24cm
(68行)

两边袖口挑88针
织4行单罗纹后8
行全下针

绣图a

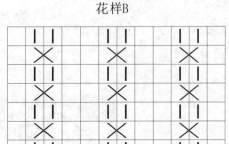

两色搭配短袖衫

【成品规格】 衣长36cm，胸围60cm，袖长18cm

【工具】 2.5mm、2.75mm棒针

【编织密度】 10cm² =23针×28行

【材料】 粉红色毛线200g
白色毛线50g

编织要点：

1.前后片（育克）：用2.5mm棒针起96针织双罗纹4cm，换2.75mm棒针织花样A 34行。加针到224针。
2.上半部分结束后分衣身和袖片织下半部分，织下针，换线按图解圈织。
3.袖口：42针织双罗纹3cm。
4.衣边织花样B。
5.整理熨烫。

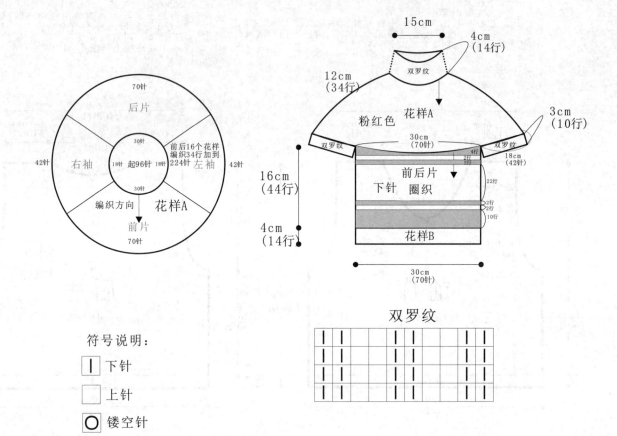

符号说明：

| 下针

□ 上针

O 镂空针

人 中上3并1针

⌧ 2针的交叉针

花样B

双罗纹

花样A

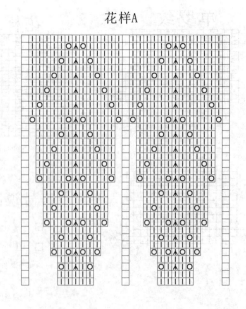

简约小坎肩

【成品规格】 衣长33cm，胸围60cm
肩宽18cm

【工具】 12号棒针

【编织密度】 10cm² =24针×32行

【材料】 粉红色棉线300g
纽扣3颗
装饰眼睛4个

编织要点：

1.棒针编织法，衣身分为左前片、右前片、后片来编织。
2.起织后片，单罗纹起针法，起72针，织花样A，织8行后，改织花样B，织至58行，两侧袖窿减针，方法为平收6针、4-2-4，织至102行，第103行将织片中间平收18针，两侧减针织成后领，方法为2-1-2，织至106行，两肩部各余下11针，收针断线。
3.起织左前片，单罗纹针起针法，起34针，织花样A，织8行后，改织花样B，织至18行，改织花样C，织至50行，改织花样B，织至58行，第59行起，左侧袖窿减针，方法为平收6针、4-2-4，同时右侧前领减针，方法为4-1-9，织至106行，肩部余下11针，收针断线。
4.同样的方法编织右前片，完成后将两侧缝缝合，两肩部对应缝合。

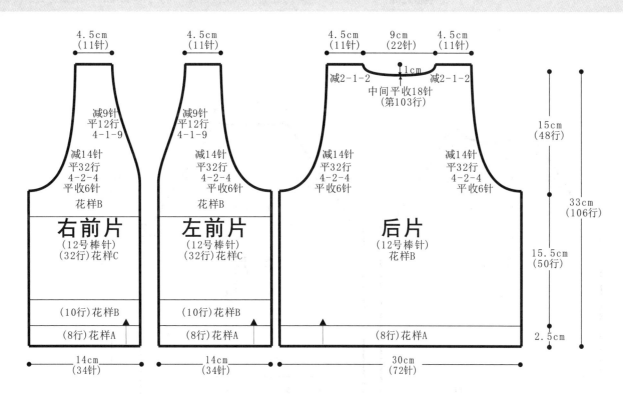

右前片
(12号棒针)
(32行)花样C

左前片
(12号棒针)
(32行)花样C

后片
(12号棒针)
花样B

减9针
平12行
4-1-9

减14针
平32行
4-2-4
平收6针
花样B

减2-1-2

中间平收18针
(第103行)

4.5cm
(11针)

9cm
(22针)

15cm
(48行)

33cm
(106行)

15.5cm
(50行)

2.5cm

(10行)花样B

(8行)花样A

14cm
(34针)

30cm
(72针)

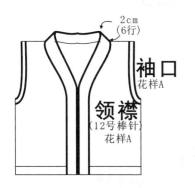

2cm
(6行)

袖口
花样A

领襟
(12号棒针)
花样A

领襟/袖口制作说明

1.领片沿领口及衣襟两侧挑起208针，织花样A，织6行后，收针断线。
2.沿两侧袖窿分别挑起80针织花样A，织6行后，收针断线。

符号说明：

□ 上针
□=Ⅰ 下针
☒ 扭针
左上3针交叉
右上3针交叉

2-1-3 行-针-次

花样A
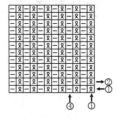

花样B
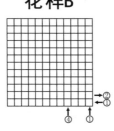

花样C
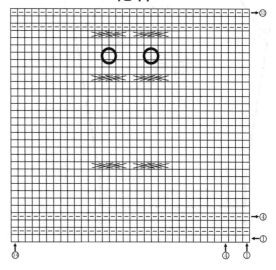

运动品牌毛衣

【成品规格】 衣长34cm，胸围58cm，连肩袖长34cm

【工具】 13号棒针

【编织密度】 10cm²＝29针×38.8行

【材料】 蓝色棉线300g
灰色棉线100g
红色棉线20g

编织要点：

1. 棒针编织法，衣身片分为前片和后片分别编织，完成后与袖片缝合而成。
2. 起织后片，蓝色线起84针，织花样A，织16行，改为织花样B，织至76行，改织6行灰色线，织至82行，第83行织片左右两侧各收4针，然后减针织成斜肩，方法为2-1-25，织片余下26针，用防解别针扣起，留待编织衣领。
3. 起织前片，蓝色线起84针，织花样A，织16行，改为织花样B，织至76行，改织6行灰色线，织至82行，第83行织片左右两侧各收4针，然后减针织成斜肩，方法为2-1-25，织至116行，第117行起，织片中间留起8针不织，两侧减针织成前领，方法为2-1-8，织至132行，两侧各余下1针，用防解别针扣起，留待编织衣领。
4. 将前片与后片的侧缝缝合。
5. 前片中央红色线十绣方式绣图案a，平针绣方式绣图案b。

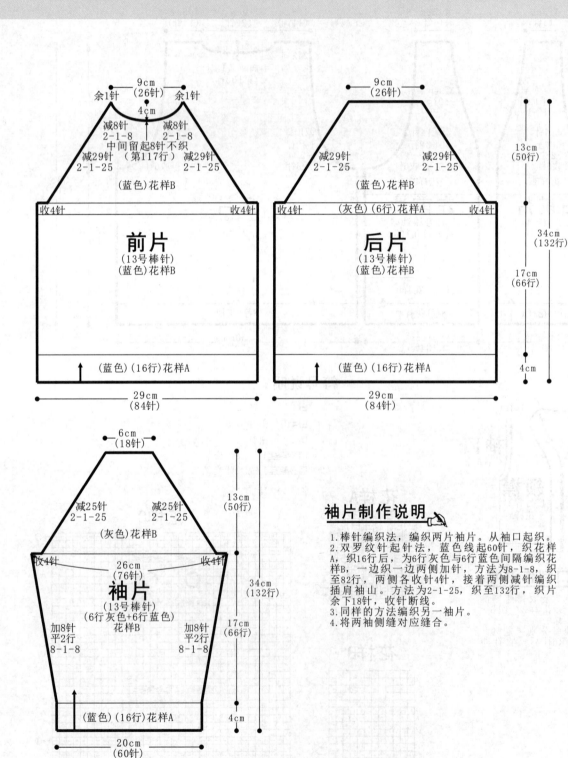

前片
（13号棒针）
（蓝色）花样B

余1针 9cm（26针） 余1针
4cm
减8针 2-1-8　减8针 2-1-8
中间留起8针不织
减29针（第117行）减29针
2-1-25　　　　　2-1-25
（蓝色）花样B
收4针　　　　　收4针
（蓝色）（16行）花样A
29cm（84针）

后片
（13号棒针）
（蓝色）花样B

9cm（26针）
减29针 2-1-25　减29针 2-1-25
（蓝色）花样B
收4针　（灰色）（6行）花样A　收4针
（蓝色）（16行）花样A
29cm（84针）

13cm（50行）
34cm（132行）
17cm（66行）
4cm

袖片
（13号棒针）
（6行灰色+6行蓝色）花样B

6cm（18针）
减25针 2-1-25　减25针 2-1-25
（灰色）花样B
收4针　26cm（76针）　收4针
加8针 平2行 8-1-8　加8针 平2行 8-1-8
（蓝色）（16行）花样A
20cm（60针）

13cm（50行）
34cm（132行）
17cm（66行）
4cm

袖片制作说明

1. 棒针编织法，编织两片袖片。从袖口起织。
2. 双罗纹针起针法，蓝色线起60针，织花样A，织16行后，为6行灰色与6行蓝色间隔编织花样B，一边织一边两侧加针，方法为8-1-8，织至82行，两侧各收针4针，接着两侧减针编织插肩袖山。方法为2-1-25，织至132行，织片余下18针，收针断线。
3. 同样的方法编织另一袖片。
4. 将两袖侧缝对应缝合。

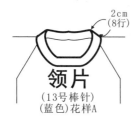

2cm
(8行)

领片

(13号棒针)
(蓝色)花样A

领片制作说明

棒针编织法，蓝色线编织，
领片一片环形编织完成。沿
前后领口挑起92针织花样A，
织8行后，双罗纹针收针法收
针断线。

花样A

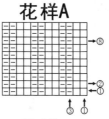

花样B

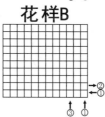

图案b ▣ 红色（平针绣）

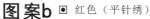

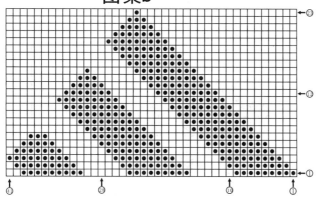

符号说明：

□ 上针
□=回 下针
2-1-3 行-针-次

图案a ▣ 红色（十字绣）

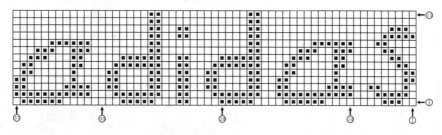

蝴蝶图案毛衣

【成品规格】 衣长32cm，胸围56cm，
肩宽23cm，袖长25.5cm

【工具】 2mm、2.5mm棒针

【编织密度】 10cm²=28针×40行

【材料】 白色毛线250g
玫红色毛线100g
淡棕色毛线少量
纽扣4颗

编织要点：

1.右前片:用2.5mm棒针、白色线起26针织下针，按图解右下加出14针形成圆角，继续往上织下针，按图解收袖窿、收领口。左前片织法相同。

2.后片:用2.0mm棒针、玫红色线起80针，从下往上织2cm单罗纹，换2.5mm、白色线织下针，收领子按后片图解。

3.袖片:用2.0mm棒针、玫红色线起38针，织单罗纹，换2.5mm棒针白色线往上织下针，按图解编织。

4.前后片、袖片缝合后按图解挑领子、挑门襟（用玫红色线），用2.0mm棒针编织花样单罗纹2cm。按图解钉上纽扣。钩1朵小花作为装饰。

5.绣上绣图a和绣图b，整理熨烫。

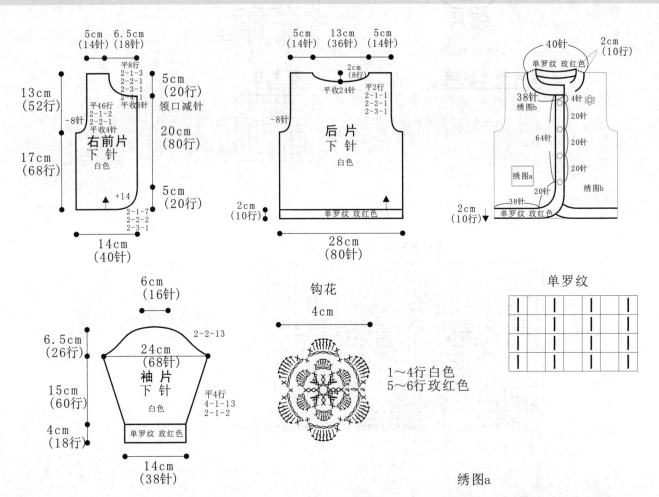

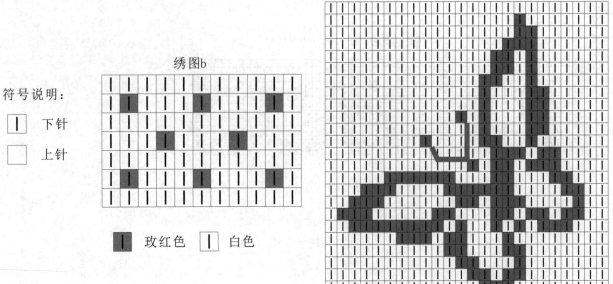

符号说明：

❘ 下针

☐ 上针

🟪 玫红色 ❘ 白色

❘ 白色

🟪 淡棕色

小熊口袋毛衣

【成品规格】衣长34cm，胸围56cm，袖长32cm

【工具】2.5mm、3.0mm棒针

【编织密度】10cm²＝24针×25行

【材料】蓝色毛线350g
白色毛线少许
纽扣4颗

编织要点：

1.前后片：用2.5mm棒针起86针，分成5部分，圈织，按图解方向编织，织32行加针到214针。加针按花样C。

2.上半部分结束后分衣身和袖片织下半部分，织下针。

3.袖片：55针织下针。

4.前后片缝合后，下衣边与门襟连着挑起，织花样A。

5.织小熊口袋二片，缝在前衣片上。

6.整理熨烫。

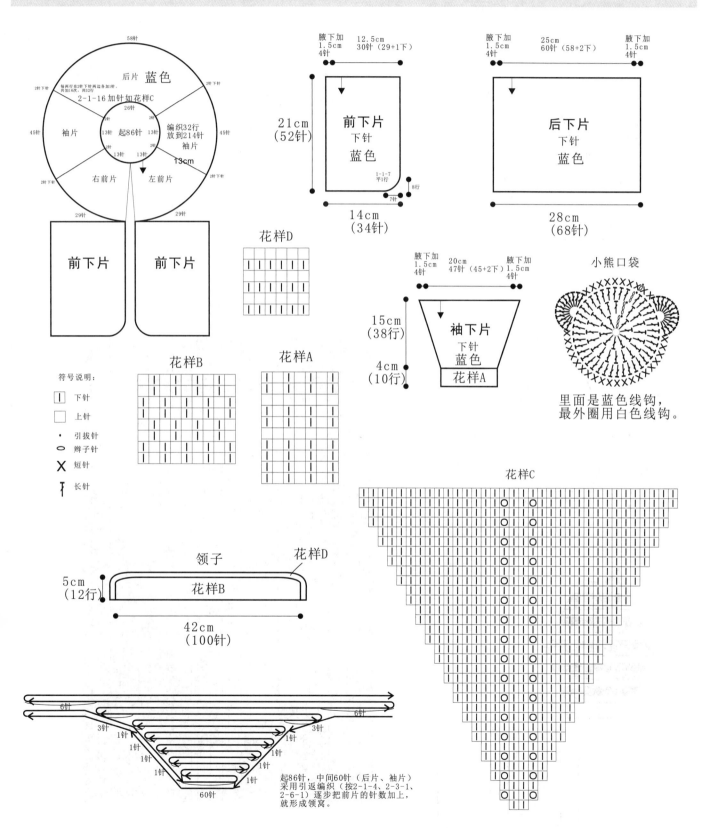

符号说明：
- I 下针
- □ 上针
- • 引拔针
- ○ 辫子针
- X 短针
- † 长针

花样D

花样B   花样A

后片 蓝色
2针下针 每两行左2针下针两边各加针，共加16次，共32行。
2-1-16 加针如花样C
26针 起86针
13针 13针
袖片 13针 13针 袖片
45针 13针 13针 45针
编织32行放到214针
13cm
右前片 左前片
2针下针
29针 29针
58针
前下片 前下片

前下片
下针
蓝色
21cm（52针）
14cm（34针）
1-1-7 平1行
7行 8行
腋下加 1.5cm 4针 12.5cm 30针（29+1下）

后下片
下针
蓝色
28cm（68针）
腋下加 1.5cm 4针 25cm 60针（58+2下） 腋下加 1.5cm 4针

袖下片
下针
蓝色
花样A
15cm（38行）
4cm（10行）
腋下加 1.5cm 4针 20cm 47针（45+2下） 腋下加 1.5cm 4针

小熊口袋
里面是蓝色线钩，最外圈用白色线钩。

领子   花样D
花样B
5cm（12行）
42cm（100针）

6针 3针 1针 1针 1针 1针 1针 6针
3针 1针 1针 1针 1针 1针
60针
起86针，中间60针（后片、袖片）采用引返编织（按2-1-4、2-3-1、2-6-1）逐步把前片的针数加上，就形成领窝。

花样C

小老虎图案毛衣

【成品规格】 胸围60cm，衣长34cm，袖长33cm

【工具】 2.5mm、3.0mm棒针

【编织密度】 10cm²=24针×35行

【材料】 红色毛线250g
白色毛线100g
黑色毛线75g
装饰眼睛2颗

编织要点：
1.前片：用2.5mm棒针、红色线起72针，从下往上织双罗纹3.5cm，换3.0mm棒针织下针，按照花样A织入。斜肩、领部按图解编织。
2.后片：起针同前片，全用红色线织下针。
3.衣袖起36针，插肩减针等按图解编织，红、黑、白三色换线编织。
4.前后片、衣袖缝合后，按图解挑领部，织双罗纹3.5cm，清洗，熨烫。

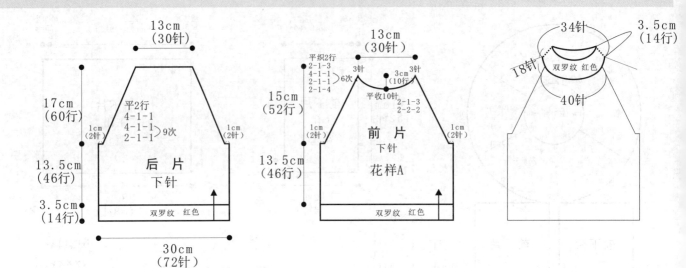

后片 下针
13cm（30针）
17cm（60行）
平2行
4-1-1
4-1-1 ⟩9次
2-1-1
1cm（2针）
13.5cm（46行）
3.5cm（14行）
双罗纹 红色
30cm（72针）

前片 下针 花样A
13cm（30针）
平织2行
2-1-3
4-1-1
2-1-1 ⟩6次
2-1-4
3针 3针
3cm（10行）
平收10针
15cm（52行）
2-1-3
2-2-2
1cm（2针）
13.5cm（46行）
3.5cm（14行）
双罗纹 红色

34针
3.5cm（14行）
18针
双罗纹 红色
40针

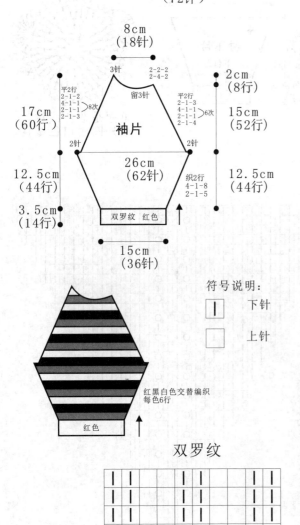

袖片
8cm（18针）
3针 留3针
2-2-2
2-4-2
平2行
2-1-2
4-1-1 ⟩8次
2-1-1
2-1-3
平2行
2-1-3
4-1-1
2-1-1 ⟩6次
2-1-4
17cm（60行）
2针 2针
2cm（8行）
15cm（52行）
26cm（62针）
12.5cm（44行）
织2行
4-1-8
2-1-5
12.5cm（44行）
3.5cm（14行）
双罗纹 红色
15cm（36针）

符号说明：
｜ 下针
□ 上针

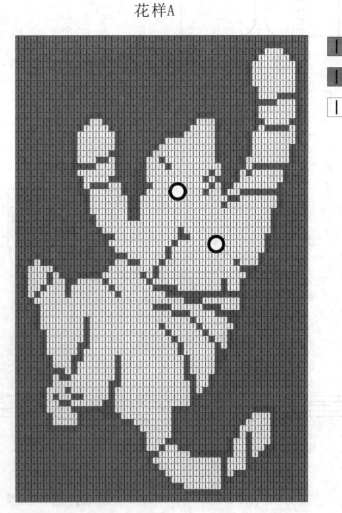

花样A

▮ 红色
▮ 黑色
｜ 白色

红黑白色交替编织
每色6行
红色

双罗纹

绅士男孩装

【成品规格】 衣长33cm，胸围58cm，肩宽23cm，袖长25.5cm

【工具】 2mm、2.5mm棒针

【编织密度】 10cm² =28针×40行

【材料】 蓝色绒线250g
黄色绒线50g
红色绒线20g
白色绒线少许
纽扣5颗

编织要点:

1.右前片:用2.0mm棒针、蓝色线起40针织单罗纹4cm，换2.5mm棒针往上织下针，织到4cm后织入花样A，按图解收袖窿、收领口。左前片织法相同，按图解织入两个花样A。

2.后片:用2.0mm棒针、蓝色线起80针，从下往上织4cm单罗纹，换2.5mm织下针，按图解换色编织，收领口按后片图解。

3.袖片:用2.0mm棒针、蓝色线起38针，织单罗纹，往上按图解换线编织。

4.前后片、袖片缝合后按图解挑领子、挑门襟（用蓝色线），用2.0mm棒针编织单罗纹4cm。按图解钉上纽扣。

5.整理熨烫。

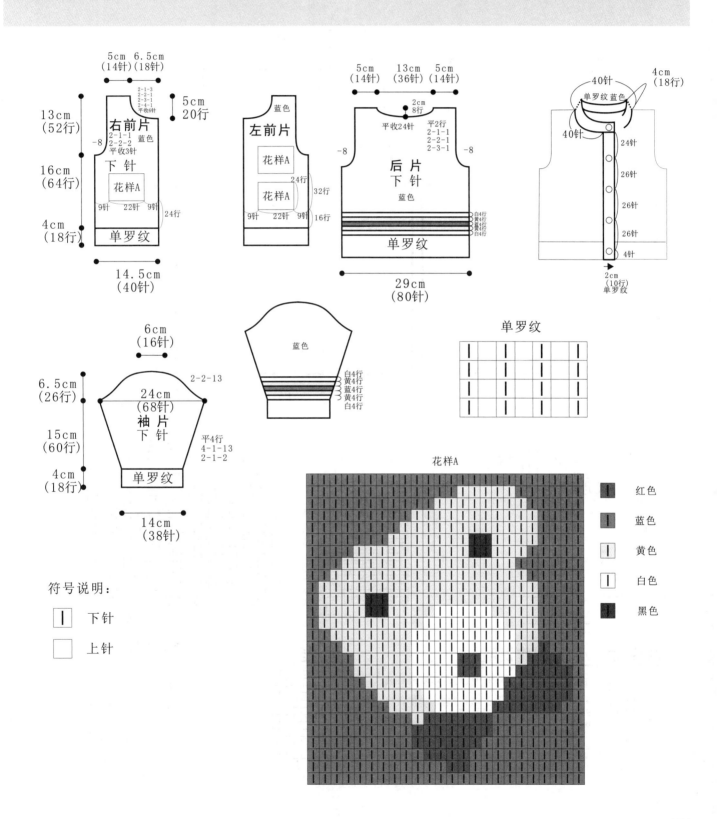

符号说明:

┃ 下针

□ 上针

花样A

红色
蓝色
黄色
白色
黑色

玫红色女孩背心

【成品规格】 衣长39cm，胸围60cm
肩宽22cm

【工具】 12号棒针

【编织密度】 10cm² =28针×36行

【材料】 玫红色棉线300g

编织要点：

1.棒针编织法，衣身分为前片、后片来编织。

2.起织后片，单罗纹起针法，起84针，织花样A，织14行后，改织花样B，织至82行，两侧袖隆减针，方法为平收4针、2-1-7，织至136行，第137行将织片中间平收34针，两侧减针织成后领，方法为2-1-2，织至140行，两肩部各余下12针，收针断线。

3.起织前片，单罗纹起针法，起84针，织花样A，织14行后，改织花样B，织至82行，两侧袖隆减针，方法为平收4针、2-1-7，织至118行，第119行将织片中间平收20针，两侧减针织成前领，方法为2-1-9，织至140行，两肩部各余下12针，收针断线。

4.将前后片侧缝缝合，两肩部对应缝合。

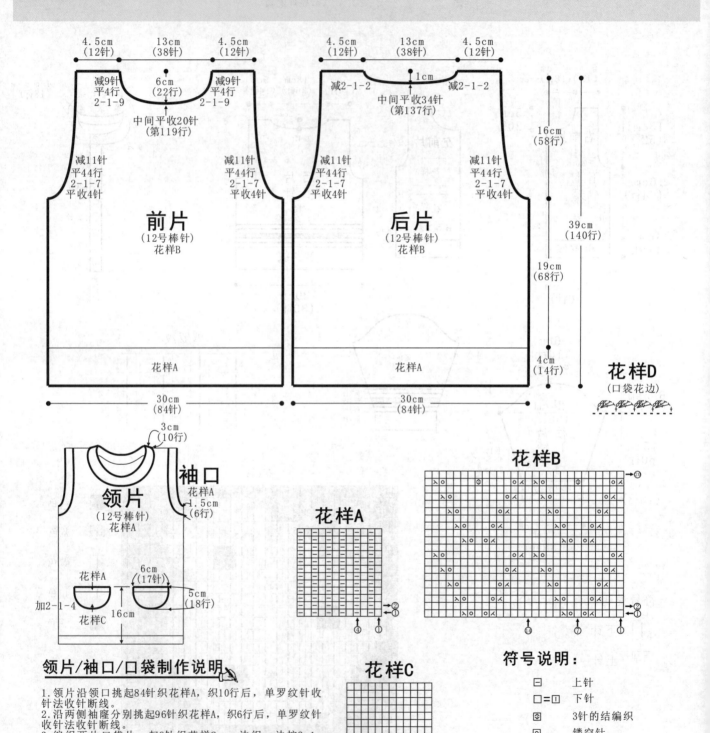

领片/袖口/口袋制作说明

1.领片沿领口挑起84针织花样A，织10行后，单罗纹针收针法收针断线。

2.沿两侧袖隆分别挑起96针织花样A，织6行后，单罗纹针收针法收针断线。

3.编织两片口袋片。起9针织花样C，一边织一边按2-1-4的方法加针，织至8行，织片变成17针，不加减针织至16行，第17行起改织花样A，织至18行，单罗纹针收针法收针断线。将口袋片的左右及下端缝合于前片衣摆处，用钩针按花样D的方法钩织一圈花样D，断线。

符号说明：

□ 上针

□=□ 下针

⊕ 3针的结编织

回 镂空针

⊠ 左上2针并1针

⊠ 右上2针并1针

2-1-3 行-针-次

192

红色圆领毛衣

【成品规格】 衣长36cm，胸围66cm，
连肩袖长38cm

【工具】 10号棒针

【编织密度】 10cm² =20针×27行

【材料】 红色羊毛线350g
纽扣24颗

编织要点：

1.从领口往下织；起92针织双罗纹8行，开始织圆形肩分散加针花样，按花样A图解分别加针织28行后，分出各片：前后片各分45针，袖各31针，分别留1针为径。在径两边每2行各加1针共4针后，在腋下加8针，此时身片圈织，织下针48行，织双罗纹8行。

2.身片完成后圈织袖，织下针，每8行减1针减5次，平织8行，均收7针织双罗纹边，织24行平收。

3.分别在交叉花样的位置缝上纽扣，此时，栩栩如生的猫头鹰诞生了，完成。

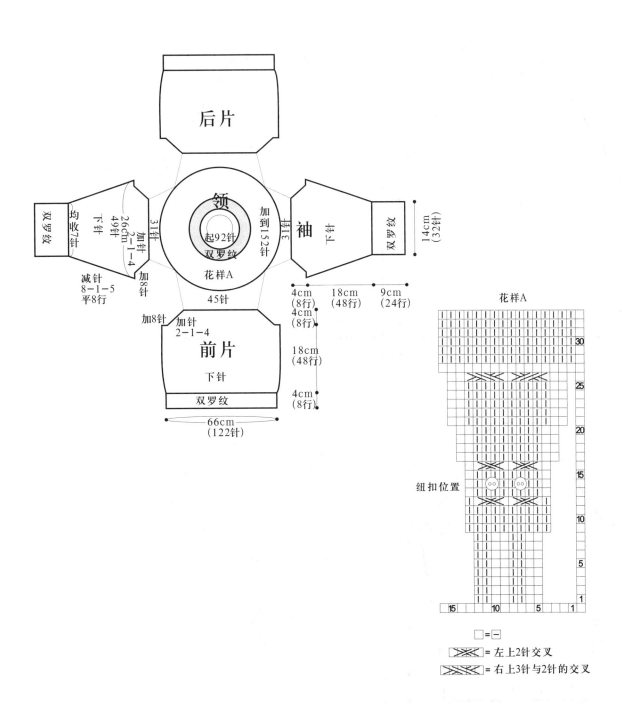

后片

领

起92针
双罗纹

花样A

加到152针

袖

下针

双罗纹

14cm
(32针)

31针

31针

双罗纹

均收7针

下针

加针
2-1-4
49针

26cm

减针
8-1-5
平8行

加8针

45针

加8针

加针
2-1-4

前片

下针

双罗纹

4cm
(8行)

18cm
(48行)

9cm
(24行)

4cm
(8行)

18cm
(48行)

4cm
(8行)

66cm
(122针)

花样A

纽扣位置

□ = □

▧ = 左上2针交叉

▧ = 右上3针与2针的交叉

193

龙图案毛衣

【成品规格】 衣长34cm，胸围58cm
连肩袖长34cm

【工具】 13号棒针

【编织密度】 10cm² = 29针×38.8行

【材料】 红色棉线200g
灰色棉线200g
白色、红色棉线10g
装饰眼睛

编织要点：
1.棒针编织法，衣身片分为前片和后片分别编织，完成后与袖片缝合而成。
2.起织后片，红色线起84针，织花样A，织16行，改织花样B，织至82行，第83行织片左右两侧各收4针，然后减针织成斜肩，方法为2-1-25，织至132行，织片余下26针，用防解别针扣起，留待编织衣领。
3.起织前片，红色线起84针，织花样A，织16行，改织花样B，织至82行，第83行织片左右两侧各收4针，然后减针织成斜肩，方法为2-1-25，织至116行，第117行起，织片中间留起8针不织，两侧减针织成前领，方法为2-1-8，织至132行，两侧各余下1针，用防解别针扣起，留待编织衣领。
4.将前片与后片的侧缝缝合。
5.前片中央绣图案a。

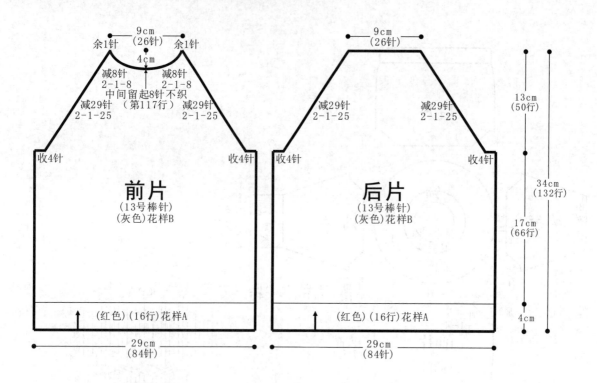

前片 (13号棒针) (灰色)花样B

- 9cm (26针)
- 余1针 余1针
- 4cm
- 减8针 2-1-8 减8针 2-1-8
- 中间留起8针不织
- 减29针（第117行） 减29针 2-1-25 2-1-25
- 收4针 收4针
- (红色)(16行)花样A
- 29cm (84针)

后片 (13号棒针) (灰色)花样B

- 9cm (26针)
- 减29针 2-1-25 减29针 2-1-25
- 收4针 收4针
- (红色)(16行)花样A
- 29cm (84针)
- 13cm (50行)
- 34cm (132行)
- 17cm (66行)
- 4cm

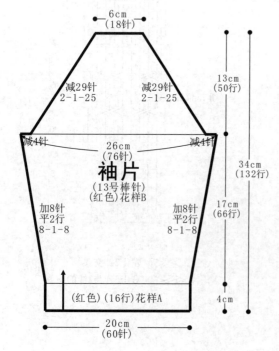

袖片 (13号棒针) (红色)花样B

- 6cm (18针)
- 减29针 2-1-25 减29针 2-1-25
- 减4针 减4针
- 26cm (76针)
- 加8针 平2行 8-1-8 加8针 平2行 8-1-8
- (红色)(16行)花样A
- 20cm (60针)
- 13cm (50行)
- 34cm (132行)
- 17cm (66行)
- 4cm

袖片制作说明

1.棒针编织法，编织两片袖片。从袖口起织。
2.双罗纹针起针法，红色线起60针，织花样A，织16行后，改织花样B，一边织一边两侧加针，方法为8-1-8，织至82行，两侧各收针4针，接着两侧减针编织插肩袖山。方法为2-1-25，织至132行，织片余下18针，收针断线。
3.同样的方法编织另一袖片。
4.将两袖侧缝对应缝合。

符号说明：

□　上针
□=Ⅰ　下针
2-1-3　行-针-次

花样A

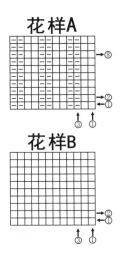

→⑧

→②
→①

③ ①

花样B

②
①

③ ①

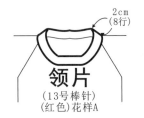

2cm
(8行)

领片
(13号棒针)
(红色)花样A

图案a

☑ 黄色
☑ 红色
☐ 白色
■ 黑色

←⑩

←①

⑤ ⑮ ㉕ ㉟ ①

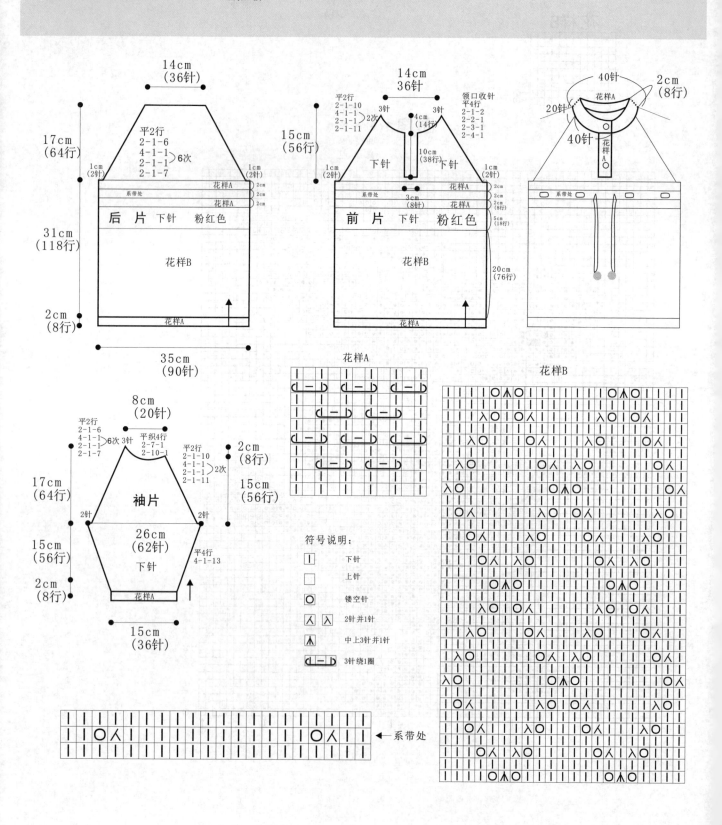

粉色球球连衣裙

【成品规格】 衣长50cm，胸围70cm，衣袖34cm

【工具】 2.0mm、2.5mm棒针

【编织密度】 10cm²=26针×38行

【材料】 粉色线300g
纽扣2颗

编织要点：

1.前片：用2.0mm棒针起90针，从下往上织花样A 2cm，换2.5mm棒针织花样B76行后，织18行下针，然后织花样A、下针、花样A，按图解收斜肩，中间空8针，两边分别收肩、收领子。
2.后片：织法同前片，收完64行斜肩后平收36针。
3.袖片：用2.0mm棒针起36针，从下往上织2cm花样A后，换2.5mm棒针，按图解加针、收袖山。
4.前后片、袖片缝合，按图解用挑领边织花样A。
5.清洗整理。

后片

14cm（36针）

17cm（64行）

平2行
2-1-6
4-1-1 ⟩6次
2-1-1
2-1-7

1cm（2针） 花样A 2cm
系带处 2cm
花样A 2cm

后 片 下针 粉红色

31cm（118行）

花样B

2cm（8行） 花样A

35cm（90针）

前片

14cm 36针

15cm（56行）

平2行
2-1-10
4-1-1 ⟩2次
2-1-1
2-1-11

3针 3针

领口收针
平4行
2-1-2
2-2-1
2-3-1
2-4-1

4cm（14针）

10cm（38行）

1cm（2针） 下针 下针 1cm（2针）

花样A 2cm
系带处（8针） 花样A 2cm
5cm（18行）

前 片 下针 粉红色

花样B

20cm（76行）

花样A

领口

40针 2cm（8行）

20针 花样A

40针 花样A

系带处

袖片

8cm（20针）

平2行
2-1-6
4-1-1 ⟩6次 3针
2-1-1
2-1-7

平织4行
2-7-1
2-10-1

平2行
2-1-10
4-1-1 ⟩2次
2-1-1
2-1-11

17cm（64行）

2cm（8行）

2针 **袖片** 2针

15cm（56行）

15cm（56行）

26cm（62针）

下针

平4行
4-1-13

2cm（8行） 花样A

15cm（36针）

花样A

花样B

符号说明：

符号	说明
Ⅰ	下针
□	上针
○	镂空针
人 人	2针并1针
人	中上3针并1针
⊂Ⅰ–⊃	3针绕1圈

← 系带处

196

黄色圆领开衫

【成品规格】 衣长35cm，胸围60cm，肩宽24cm，袖长29cm

【工具】 13号棒针

【编织密度】 10cm²=30针×40行

【材料】 黄色棉线400g
黑色棉线20g
纽扣6颗

编织要点：

1. 棒针编织法，袖窿以下一片编织，袖窿起分为左前片、右前片、后片来编织。
2. 起织，双罗纹起针法起174针，织花样A，织12行后，改织花样B，织至56行，改织花样C，织至78行，将织片分成左前片、右前片和后片分别编织，左右前片各取42针，后片取90针，先织后片。
3. 分配后片的针数到棒针上，织花样D，起织时两侧减针织成袖窿，方法为平收4针、2-1-5，织至137行，中间平收32针，两侧减针，方法为2-1-2，织至140行，两侧肩部各余下18针，收针断线。
4. 分配左前片的针数到棒针上，织花样D，起织时左侧减针织成袖窿，方法为平收4针、2-1-5，织至112行，右侧减针织成衣领，方法为平收6针、2-1-8、4-1-1，织至140行，肩部余下18针，收针断线。
5. 同样的方法编织右前片，完成后将两肩部对应缝合。
6. 黑色线按花样C所示平针绣方式绣图案。

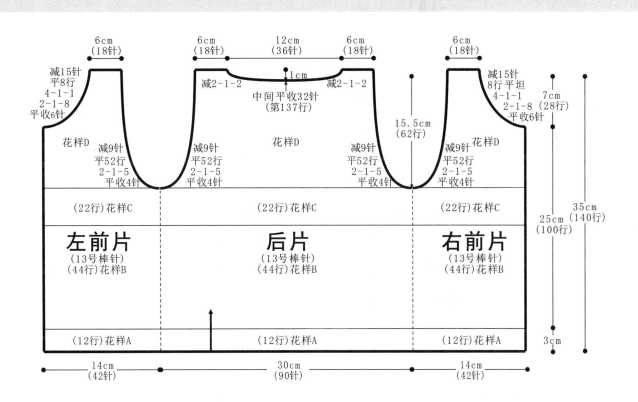

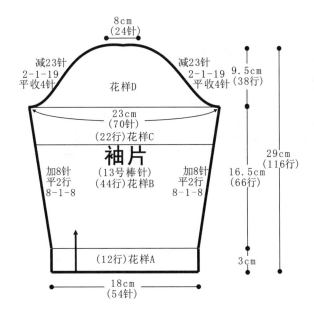

袖片制作说明

1. 棒针编织法，从袖口往上编织。
2. 起织，双罗纹起针法，起54针，织花样A，织12行后，改织花样B，织至56行，改织花样C，织至78行，第79行两侧各平收4针，然后按2-1-19的方法减针编织袖山，织至116行，收针断线。
3. 同样的方法编织另一袖片。
4. 将袖山对应袖窿线缝合，再将袖底缝合。
6. 黑色线按花样C所示平针绣方式绣图案。

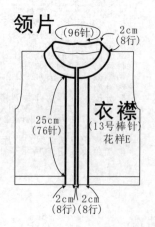

领片 （96针） 2cm（8行）

25cm（76针）

衣襟
（13号棒针）
花样E

2cm 2cm
（8行）（8行）

领片/衣襟制作说明

1.棒针编织法，先挑织衣襟，完成后再挑织领片。
2.沿左右衣襟侧分别挑起76针织花样E，织8行后，收针断线。
3.沿领口挑起96针，织花样E，往返编织，织8行后，收针断线。

符号说明：

▭　上针（黄色）

▢＝▣　下针（黄色）

▨　上针（黑色）

▨＝▣　下针（黑色）

2-1-3　行-针-次

花样A

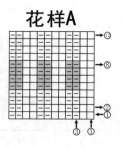

花样B

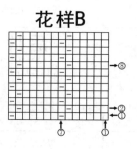

花样C

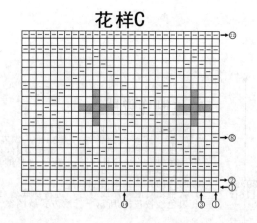

花样D

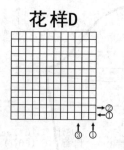

花样E

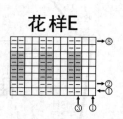

可爱米奇毛衣

【成品规格】 衣长37cm，胸围64cm，肩宽24cm，袖长32cm

【工具】 13号棒针

【编织密度】 10cm² = 25针×40行

【材料】 灰色棉线350g
黑色棉线50g
白色、蓝色、红色棉线少量

编织要点：

1. 棒针编织法，衣身分为前片、后片来编织。
2. 起织后片，双罗纹起针法，黑色线起80针，织花样A，2行黑色2行灰色间隔编织，织16行后，改为灰色线织花样B，织至84行，两侧袖窿减针，方法为平收4针、2-1-6，织至144行，第145行将织片中间平收22针，两侧减针织成后领，方法为2-1-2，织至148行，两肩部各余下17针，收针断线。
3. 起织前片，双罗纹针起针法，黑色线起80针，织花样A，2行黑色2行灰色间隔编织，织16行后，改为灰色线织花样B，织至84行，两侧袖窿减针，方法为平收4针、2-1-6，织至120行，第121行将织片中间平收10针，两侧减针织成前领，方法为2-1-8，织至148行，两肩部各余下17针，收针断线。
4. 将前后片侧缝缝合，两肩部对应缝合。
5. 前片右侧平针绣方式绣图案a，左侧绣图案b。

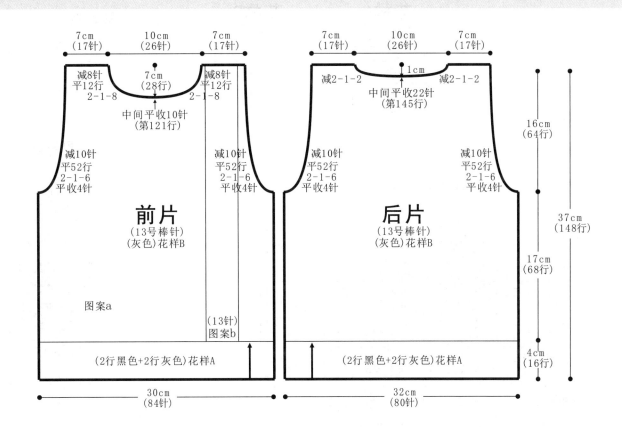

前片
7cm（17针） 10cm（26针） 7cm（17针）
减8针 平12行 2-1-8
7cm（28行）
中间平收10针（第121行）
减10针 平52行 2-1-6 平收4针
前片
（13号棒针）
（灰色）花样B
图案a
（13针）图案b
（2行黑色+2行灰色）花样A
30cm（84针）

后片
7cm（17针） 10cm（26针） 7cm（17针）
减2-1-2
1cm
中间平收22针（第145行）
减10针 平52行 2-1-6 平收4针
后片
（13号棒针）
（灰色）花样B
（2行黑色+2行灰色）花样A
32cm（80针）
16cm（64行）
37cm（148行）
17cm（68行）
4cm（16行）

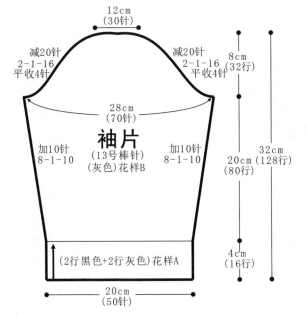

12cm（30针）
减20针 2-1-16 平收4针
8cm（32行）
28cm（70针）
加10针 8-1-10
袖片
（13号棒针）
（灰色）花样B
加10针 8-1-10
（2行黑色+2行灰色）花样A
20cm（50针）
32cm（128行）
20cm（80行）
4cm（16行）

袖片制作说明 👈

1. 棒针编织法，编织两只袖片。从袖口往上编织。
2. 双罗纹起针法，黑色线起50针，织花样A，2行黑色2行灰色间隔编织，织16行后，改为灰色线织花样B，两侧一边织一边按8-1-10的方法加针，织至96行，织片变成70针，两侧减针编织袖山，方法为平收4针、2-1-16，织至128行，织片余下30针，收针断线。
3. 同样的方法再编织另一袖片。
4. 缝合方法：将袖山对应前片与后片的袖窿线，用线缝合，再将两袖侧缝对应缝合。

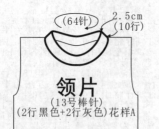

（64针）
2.5cm（10行）

领片
(13号棒针)
(2行黑色+2行灰色)花样A

领片制作说明

1.棒针编织法，环形挑织领片。
2.沿领口黑色线挑起64针，织花样A，2行黑色2行灰色间隔编织，共织10行后，收针断线。

花样A
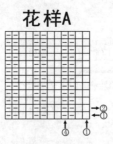

花样B
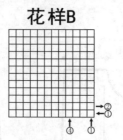

符号说明：

□　上针
□=Ⅰ　下针
2-1-3　行-针-次

图案a

⊡ 白色
■ 黑色

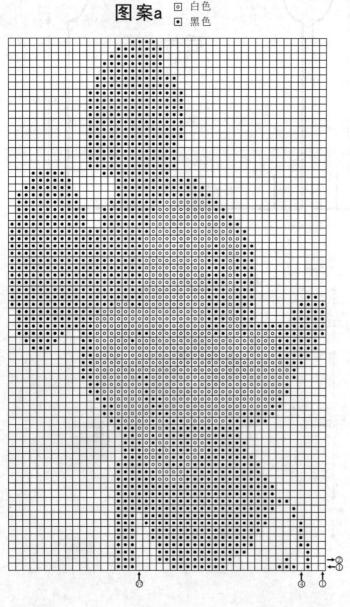

图案b

⊡ 白色
▣ 蓝色
■ 红色

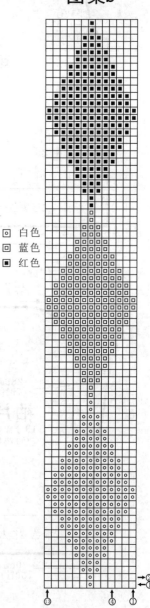